まえがき

およそ土木構造物の真価は，長い風雪を経て現れる。積年使われても尚，機能が時代の趨勢を先取りしていたか，品質が経年劣化に耐えうるものとなっていたか，それが問われ，明らかとなる。

舗装はどうであろうか。路盤はどうであろうか，表層はどうであろうか。舗装に携わる土木技術者は，そのことに真摯に向き合わなくてはいけない。アスファルト舗装工事の長期保証制度は，そのためのものである。

交通量が多い道路におけるアスファルト舗装の表層は，国が管理する道路の場合，平均すると概ね 10 年程度で修繕を必要としている。これをどう捉えるか。そして，平均は 10 年だが中にはもっと早く修繕を必要とするところもある。逆にもっと長く持つところもあり，その幅は実に大きい。何故そんなにも早く劣化するところがあるのか，何故そんなにも劣化状況にばらつきがあるのか，土木技術者であれば，そのことに疑問をもち，その原因を究明し，その結果を次の設計や施工に反映し，そして，より長持ちする舗装を作り上げる，それが使命である。長期保証制度はそのための手段と考えてもらいたい。設計者，施工者，道路管理者，研究者が，この制度の下に同じ問題意識，目的を共有し，より長持ちするアスファルト舗装が作られていくことを期待したい。

そして，長期保証制度が技術開発を推進する制度に進化することも期待したい。この制度は，平成 21 年度，国土交通省東北地方整備局ではじめて試行されたが，その際には，応札者に表層が 5 年後に満たすべき性能保証値とそれを実現するための技術提案を求めた。その結果は，まだそうした制度として適用するには時期尚早と判断され，現行の標準的な材料，工法を用いる工事のための制度として運用されているが，いずれ制度が定着すれば，当初，目的としていた，民間の技術開発がより促進されるための制度として進化，活用されることを期待したい。

最後に，本書の執筆，取りまとめにご尽力いただいた関係者の方々に深く感謝の意を表するとともに，本書が広く読まれ，長期保証制度への理解が深まり，同制度の進化に大きく貢献することを祈念して，前書きとする。

舗装委員長　三浦　真紀

舗 装 委 員 会

委員長　　三 浦 真 紀

舗装マネジメント小委員会（五十音順）

委 員 長	前 佛 和 秀	
委　　員	青 木 康 素	秋 葉 正 一
	荒 尾 慶 文	伊 藤 正 秀
	井 原 　 務	加 藤 　 亮
	亀 山 修 一	久 保 和 幸
	小 澤 知 幸	小梁川 　 雅
	竹 内 　 康	中 洲 啓 太
	中 屋 正 浩	益 子 直 人
	増 田 博 行	丸 山 記美雄
	森 下 博 之	藪 　 雅 行
	渡 邉 一 弘	
幹 事 長	桑 原 正 明	
幹　　事	栗 本 太 朗	岡 田 貢 一
	那 珂 通 大	中 村 博 康
	橋 本 喜 正	前 川 亮 太
	松 本 勝 紀	森 　 芳 徳

舗装性能評価小委員会（五十音順）

委員長	濱田　幸二	
委員	秋葉　正一	遠藤　桂
	黄木　秀実	神谷　恵三
	坂本　寿信	竹井　利公
	竹内　康	富山　和也
	永渕　克己	中屋　正浩
	新田　弘之	野平　勝
	二木　隆	丸山　記美雄
	光谷　修平	森下　博之
	藪　雅行	山﨑　泰生
	吉村　啓之	渡邉　一弘
幹事長	吉中　保	
幹事	綾部　孝之	岩塚　浩二
	上野　真誉	江向　俊文
	加藤　祐哉	川上　聖
	草刈　憲嗣	齊藤　一之
	清水　忠昭	下野　祥一
	菅原　紀明	杉本　浩一
	寺田　剛	永原　篤
	長山　清一郎	平岡　富雄
	松本　勝紀	横田　慎也
	吉本　徹	

長期性能保証合同WG（五十音順）

主　　査	森下　博之	
前主査	信太　啓貴	
委　　員	中屋　正浩	光谷　修平
	藪　雅行	渡邉　一弘
幹　　事	綾部　孝之	栗本　太朗
	岩塚　浩二	岡田　貢一
	桑原　正明	齊藤　一之
	寺田　剛	那珂　通大
	中村　博康	長山　清一郎
	橋本　喜正	平岡　富雄
	前川　亮太	松本　勝紀
	森　芳徳	吉中　保

目　　次

第１章　総説

1-1　舗装の管理をめぐる情勢

道路は国民生活にとって最も身近な社会資本であり，社会，経済，文化に至る様々な活動を支える根幹的なインフラとして重要な役割を担っている。その中でわが国の舗装のストックは道路延長にして約 100 万kmにおよび，その適切な運用には長寿命化やライフサイクルコストの低減が重要である。その一方で，舗装の維持修繕費用は 1990 年代前半をピークに大幅に減少している(図-1.1.1)。

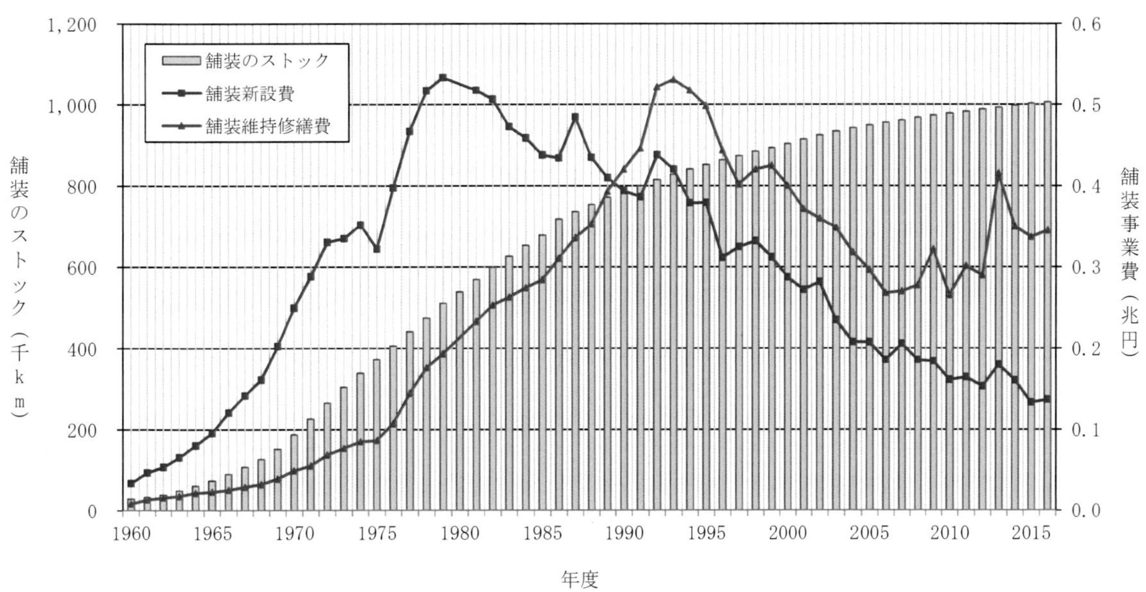

図-1.1.1　舗装のストック量と事業費の推移（全道路）

高度経済成長期に集中的に整備されてきた道路施設の老朽化が進行する中，橋梁やトンネルと同様に，舗装においてもストックを生かしつつ効率的に運用することが重要である。こうした状況において，平成 28 年 10 月に国土交通省が「舗装点検要領」を策定するとともに，舗装ストックを効率的に修繕しながら適切に運用するため，「舗装点検必携」等の関連技術図書類が整備された。舗装の長寿命化やライフサイクルコストの低減のためには，舗装点検要領に基づく適切な管理とともに，設計施工および修繕の段階からも長寿命化のための工夫が重要である。

1-2　長期保証制度とは

1-2-1　長期保証制度の経緯

舗装工事については従来，発注者が定めた標準的な仕様に基づき，受発注者間で締結した契約により実施されてきた。こうした仕様規定方式は，広く標準的な性能を確保する上では有効であったが，一方でコスト縮減や技術の開発・普及には発展しにくいという面があった。

そこで，平成 13 年に国土交通省より通達された「舗装の構造に関する技術基準」（以下，「技術基準」という。）により，従来は道路構造令に基づいて材料や構造が限定的に規定されていた仕様規定から，技術革新に柔軟に対応できる性能規定が導入された。このような技術基準の性能規定化を受けて国土交通省の各地方整備局等においても，必要とされる性能のみを規定し，材料や施工方法等の仕様については，受注者の提案に基づいた設定を可能とする性能規定発注方式を導入していった。性能規定発注方式の工事においては，従前よりも受注者の技術力・工夫を引き出すことになることから，新技術の開発による品質・性能の向上や長期的にはコスト縮減にも寄与するものと期待された。**表-1.2.1** は，発注方式の変遷をまとめたものである。

表-1.2.1 舗装工事に関連する発注方式の変遷

年度		内容
和暦	西暦	
平成6年	1994年	「公共工事の入札・契約方式の改善に関する行動計画」において一般競争入札方式の本格導入
平成9年	1997年	契約後VE方式、設計・施工一括発注方式の試行開始
平成10年	1998年	各地方整備局等において性能規定発注方式の試行開始
平成11年	1999年	総合評価落札方式の試行開始
平成12年	2000年	マネジメント技術活用方式(CM方式)の試行開始
平成13年	2001年	「舗装の構造に関する技術基準」における性能規定の導入
平成17年	2005年	公共工事の品質確保の促進に関する法律の制定・施行（価格以外を含めた総合的評価等を規定）
平成21年	2009年	長期保証型契約制度の試行開始（東北地方整備局）
平成24年	2012年	直轄国道における新設アスファルト舗装工事への長期保証型契約制度の原則適用開始
平成26年	2014年	公共工事の品質確保の促進に関する法律の改正・施行(工事完了の一定期間後に施工状況の確認及び評価を実施)
令和元年	2019年	公共工事の品質確保の促進に関する法律の改正・施行(調査の品質確保、適正な下請契約等)

平成 17 年に制定された「公共工事の品質確保の促進に関する法律」を中心に，近年は工事の品質確保を主眼とした発注方式の導入が重ねられている。その一環として，平成 21 年度に長期保証契約制度（以下，「長期保証制度」という。）の試行が開始され，工事完了から一定期間後の品質や性能を重視することにより，長寿命化・ライフサイクルコストの低減が図られてきた。

1-2-2　長期保証制度の目的

長期保証制度とは，供用開始後早期の変状発生を回避することを意識した施工等を通じ，結果として長期的な性能確保を図る制度である。その目的は，発注者と受注者が共に舗装の長期的な性能確保を意識し，課題と解決策を探りながらその実現を目指すことにある。国土交通省が実施する本制度では，舗装分野のほかにも，トンネル覆工コンクリートのひび割れや橋梁のＰＣ桁端部のひび割れを対象として，性能保証に関する試行が行われてきた。

技術基準に関する平成 13 年度の性能規定方式の導入により，工事で用いる工法や材料について，要求性能を満たすことが求められることとなった。平成 21 年度に試行が開始された長期保証制度では，さらに，一定の供用期間後に性能を評価することにより，工事で用いる工法や材料の長期的性能の把握が期待できる。さらには，一定の供用期間後の性能を受注者が保証して，発注者と受注者が工事完了後も継続して性能確保を意識することにより，長期の性能に関する知見を蓄積することができ，その継続によって長期的には，優れた性能を有する技術を，性能に相応で適正な価格にて合理的に導入することに資する制度である。このように，優れた技術を適正な価格にて導入していくことが定着し，これに合わせて企業における技術開発の意欲の促進に寄与することも，長期保証制度の目的のひとつに挙げられる。

現在の舗装の長期保証制度の運用としては，保証対象の性能に関して発注者が標準的な水準値（性能指標値，第 3 章で後述）で設定し，標準的材料・工法を用いて一定の供用期間の保証を求める運用が主流である。今後，前述のように知見を蓄積していくことにより，たとえば受注者が優れた技術と合わせて相応の性能保証水準を提示し，受発注者の双方によって技術と性能保証水準を適正に評価して契約することにつながることが期待される。実際に，制度創設期の平成 21 年度に東北地方整備局が実施した試行工事では，性能保証水準とそれを保証するための技術提案を受注者が提示する形式がとられた。さらに今後の技術の進展によって性能保証の対象についても，損傷の進行過程がより複雑な交差点部への適用拡大，舗装路面の状態から舗装内部の構造状態への拡大や，新設工事から修繕工事への拡大等が期待される。

このように，長期保証制度の今後の運用が変わることが想定され得るが，本書では次章以降，現時点で主流である，標準的な水準値（性能指標値）と適用される工事の運用方法について詳述する。

長期保証制度の考え方の例を**図-1.2.1** に示す。例えば，下図の舗装 A では一定期間後の値が性能指標値を超過しているため，早期に劣化し短い経過年数で管理基準に達することが予想される。これに対し，舗装 B では早期の変状を抑えることによって一定期間後の性能の値が管理基準を満足し，結果として管理基準に達するまでの経過年数が長くなり，長寿命化の達成が予想される。

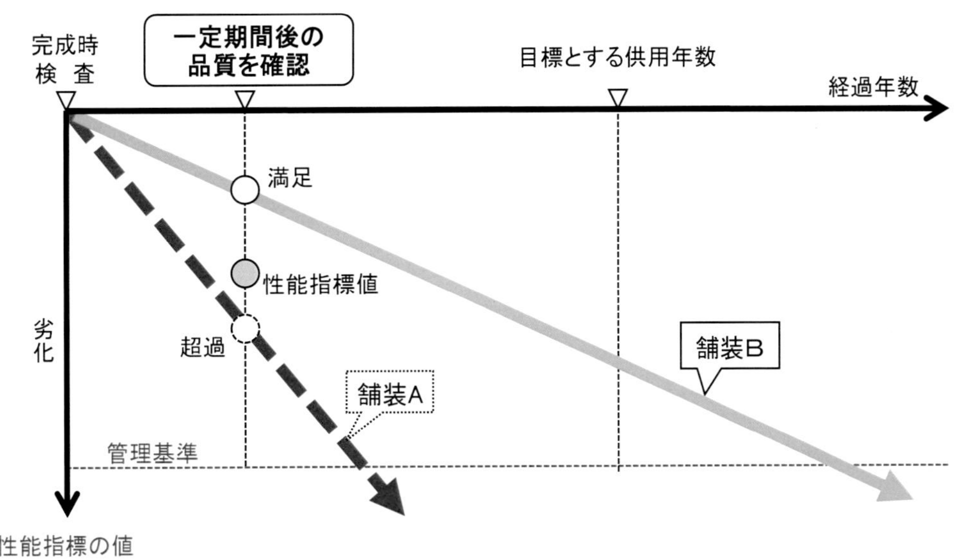

図-1.2.1　長期保証制度の概念

1-2-3　修繕工事への適用の試行

長期保証制度は平成 24 年の本格運用の開始以来，新設アスファルト舗装工事を対象に適用されてきた。このような経緯により，本書において後述する事例は新設アスファルト舗装工事に限られる。一方で平成 31 年 3 月に修繕工事への長期保証制度の適用の試行が開始されており，修繕工事についても普及が期待される。

長期保証制度を修繕工事に適用するにあたっては，修繕前の既設舗装の評価を適正に行い，引き続き供用させる修繕範囲より下層が健全な性能を有しているかどうかを把握することが非常に重要である。特に既設舗装において表面からは認識できない内部損傷がある場合もあり，その状態を適切に把握することが重要である。このように，修繕工事には新設工事と比べて確認すべき特有の重要項目があり，制度運用としては新設工事が先行している経緯がある。

修繕工事前の供用中に十分な点検・診断がなされており，路盤や路床といった舗装構造の健全性が確認でき，標準的な施工で長期的な性能確保が可能と考えられる場合は，修繕工事への長期保証制度を適用することも考えられる。

1-3　本図書の位置づけと構成

1-3-1　本図書の位置づけ

技術基準類における本図書の位置づけを，**図-1.3.1** に示す。本図書は，「舗装の構造に関する技術基準」および（公社）日本道路協会の関連図書を踏まえ，舗装工事に関して供用後の長期的な性能確保に関する検討や長期保証制度の運用の際の技術的な参考図書として位置づけられる。

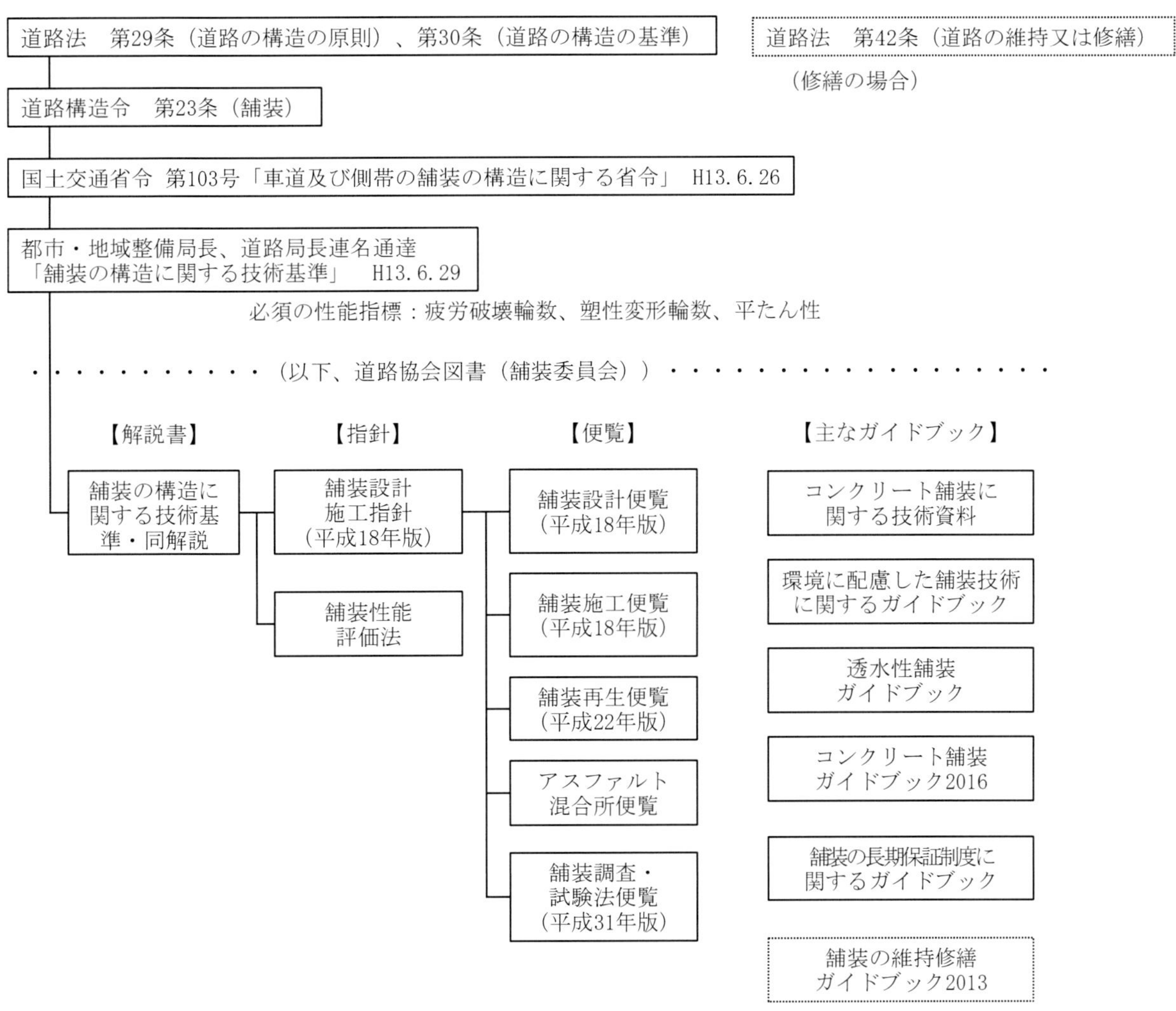

道路法　第29条（道路の構造の原則）、第30条（道路の構造の基準）
道路法　第42条（道路の維持又は修繕）
（修繕の場合）
道路構造令　第23条（舗装）
国土交通省令 第103号「車道及び側帯の舗装の構造に関する省令」 H13.6.26
都市・地域整備局長、道路局長連名通達
「舗装の構造に関する技術基準」 H13.6.29
必須の性能指標：疲労破壊輪数、塑性変形輪数、平たん性
（以下、道路協会図書（舗装委員会））
【解説書】
【指針】
【便覧】
【主なガイドブック】
舗装の構造に関する技術基準・同解説
舗装設計施工指針（平成18年版）
舗装性能評価法
舗装設計便覧（平成18年版）
舗装施工便覧（平成18年版）
舗装再生便覧（平成22年版）
アスファルト混合所便覧
舗装調査・試験法便覧（平成31年版）
コンクリート舗装に関する技術資料
環境に配慮した舗装技術に関するガイドブック
透水性舗装ガイドブック
コンクリート舗装ガイドブック2016
舗装の長期保証制度に関するガイドブック
舗装の維持修繕ガイドブック2013

図-1.3.1　設計・施工の技術基準類の体系と本図書の関係

1-3-2　本図書の構成

本図書の構成を**図-1.3.2**に示す。

第２章においては最初に，長期保証制度を運用する前に理解しておくべき，制度の趣旨や効果について解説している。

第３章から第６章までは，長期保証制度の運用の技術的支援となる事項について，ポイントとなる場面を想定し，順を追って解説している。第３章は主に発注者（道路管理者）の視点から，第５章は主に受注者の視点から，第４章・６章は双方の視点から解説している。

第７章については，長期保証期間満了後の制度運用後の話になるが，効率的な道路管理および長期保証制度の運用ならびに制度自体の改善のために，継続的な取り組みとして実施すべきフォローアップ事項について，解説している。

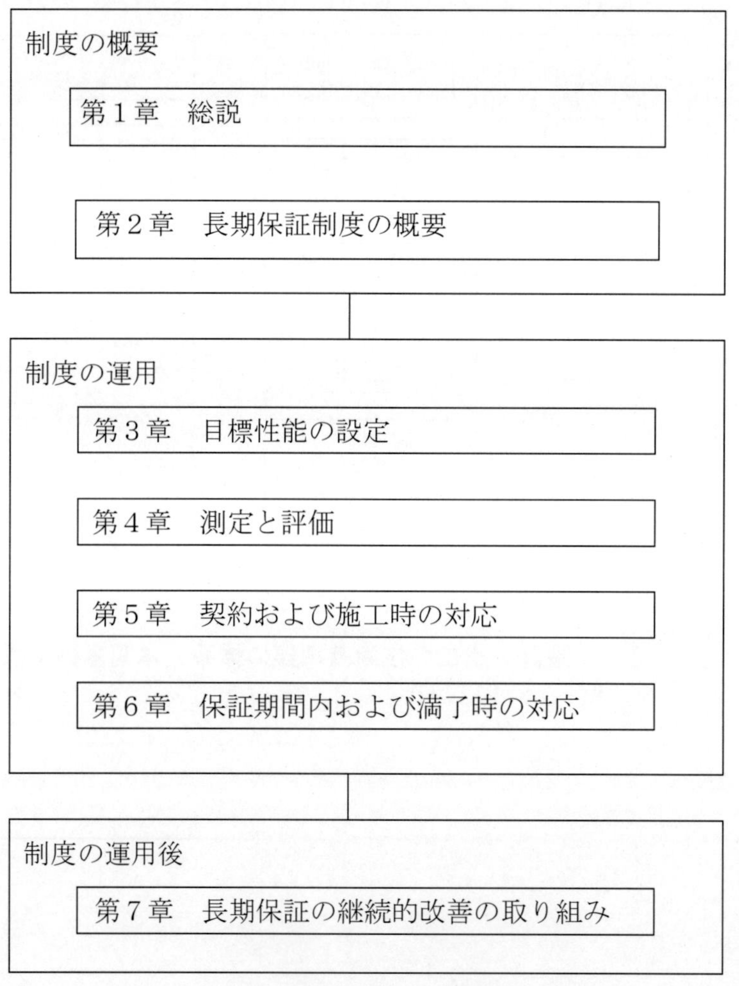

図-1.3.2　本図書の構成

1-4　本図書利用にあたっての留意事項

本図書は，これまでに長期保証制度が適用された数々の事例を踏まえ，制度の要点や考え方と，それに基づく標準的な運用方法を示したものである。よって本書の表現や事例をそのまま工事に適用するのではなく，その意図するところを的確に把握し，各工事案件に適した運用を行うことが重要である。

長期保証制度について本書で扱う適用範囲は，新設アスファルト舗装工事とする。これは，国土交通省の各地方整備局で運用している「道路舗装の長期保証 実施要領」（巻末付録１）に準じた。同様に，本書で用いる用語についても当該実施要領に拠るものとする。主な用語の定義を以下に示す。

長期保証制度：構築した構造物について，一定期間使用した後の性能に関する閾値を定めてその確保の保証を付す契約制度。長期保証型契約制度ともいう。

性能指標値：長期保証制度において保証対象となる，ひび割れやわだち掘れ等の品質水準を指す値。単に指標値と略すこともある。

保証期間：長期保証制度を適用した契約において，性能指標値の確保を受注者が保証する期間。

使用目標年数：舗装点検要領において，表層を使い続ける目標期間として設定する年数。

目標とする供用年数：長期保証制度を適用した契約において，性能指標値を設定する根拠に用いる供用年数。実際の運用では，過去の類似工事における修繕までの平均供用年数や，使用目標年数などを参考に，発注者が設定する。

免責事項：施工後の供用時に不測の事態が生じた場合に施工者（受注者）が責任を免れる事項。

施工不良：種類，出来型，品質等に関して契約の内容に適合しないものがある施工であり，修補等のペナルティを伴う施工。

インセンティブ：工事の品質向上等の優良な施工を行うことにより，成績評定の加点等，受注者にとって他の同様工事の応札等にあたって，何らかのメリットを享受できる手法。

管理基準：舗装を修繕する目安となる基準。一般的にはひび割れ率，わだち掘れ量，平たん性などの指標を用いて設定される。

第２章　長期保証制度の概要

2-1　長期保証制度の趣旨

長期保証制度は，供用開始後早期の変状を管理し，舗装の早期の劣化を避けることにより，結果として長期的な性能確保を図ることをねらいとしている。このことから，長期保証制度では，保証対象とする品質水準を性能指標として定め，完成後一定期間後の性能確保を求めている。

この制度は，通常の出来形管理基準および品質管理基準を満たして竣工するものの，他と比較して早期に管理基準に到達してしまう「損傷の進行が早い舗装」 の発生抑制をねらいとしている。そこで，契約図書に示された標準的水準の材料調達や施工を行いつつ，工事完了から一定期間後に性能を確認し，標準的水準の性能の持続を確実にさせようとする制度である。

なお本制度の適用においては，対象となる道路の周辺環境や特性を考慮する必要がある。例えば大型車交通量の将来的な変動が予測しづらいなど，受注者の責によらない特殊な事情がある場合は，そのことを配慮した特別な設計や施工が必要である。一方，そのような特殊な条件下になく通常施工が可能であり，長期的な性能確保が通常施工によって可能と判断される場合は，長期保証制度を適用対象とすることが考えられる。適用する場合は，早期劣化防止の観点，あるいは設計期間またはそれ以上の期間の性能確保の観点による，性能指標項目および性能指標値の適切な設定が重要である。そのためには，例えば早期に損傷が進行した区間における損傷の種類，進行度の分析といった，過去の修繕工事の実態に関する道路管理者による整理・分析が重要である。

本制度を運用していても性能指標値を超過してしまうことは想定されるが，その原因は何か，測定データ等を以て受発注者双方で考え，必要に応じ対応することが重要である。そのためにも，発注者と受注者がともに工事完了後も継続して長期的な品質確保を意識し，課題と解決策を探りながらその実現を目指す姿勢が肝要となる。

2-2　国土交通省における長期保証制度の適用条件と要点

長期保証制度を最初に導入し，普及が進んでいる国土交通省の制度について，適用条件と要点を紹介する。国土交通省における長期保証制度の適用条件として次の３項目が設定されており，地方整備局等が発注する工事のうちこの条件を全て満たす場合に制度が原則適用される。

①密粒度アスファルト混合物を表層に用いた舗装または排水性アスファルト舗装

②新設車道の工事

③路床または下層路盤を含み表層までが施工範囲である工事

ここで①にある排水性アスファルト舗装とは，ポーラスアスファルト混合物を用いる排水性舗装と同義であり，これまで日本道路協会の技術関連図書では後者の表現を用いている。本書では，簡略であることと行政実務での普及を考慮して排水性アスファルト舗装という名称で表現する。①で密粒度または排水性アスファルト舗装に限定されているのは，これらの舗装種類は他に比べて適用実績が多く，実績データに基づいて路面の供用性低下のばらつきが比較的大きいと分析された舗装種類であり，品質確保に資する制度が望まれたことが背景にある。

②および③の条件が設定された背景として，路面よりも下部の状態が路面の供用性に影響を及

ぼし得ることを念頭に，新設かつ路面から下部の層までを同一の受注者が施工することにより，路面の供用性が受注者の責に依るところが大きいことが挙げられる。

本制度では保証期間を定めるとともに，その際に求められる性能指標値がわだち掘れ量やひび割れ率等として定められる。保証期間内において性能指標値を満足できなかった場合，それが天災，事故や，路体等の他構造物の不備など受注者の責によらないと発注者が判断した場合は免責となる。そうでない場合は保証金の支払いや回復措置が受注者に求められる。

ここで混同を避けるため，上述の保証の概念と契約不適合との相違について補足しておく。契約不適合とは，「通常の使用に耐えられない場合」で「材料，施工に過失がある場合」であり，指名停止や工事成績が減点になる。

一方で長期保証制度における「保証」は，「本来有すべき機能」は確保されており，通常使用が可能でかつ「材料・施工に過失が無い場合」であって，性能指標値を超えた場合にのみ保証金または回復措置を求めるものであり，指名停止や減点等の措置は講じない。換言すれば，長期保証制度における保証金は，ペナルティを回避するための救済措置という一面がある。

本制度の流れを**図-2.2.1**に示す。発注準備から工事を経て供用後の保証期間満了までの一連の段階があり，先行事例で得られた知見は後発の発注にフィードバックして生かされる。なお本制度では通常の工事における竣工時の出来形や品質確保に加えて一定期間の品質保証を受注者に求めることから，一方の受注者側のメリットとして，発注準備の段階においてインセンティブ制度の適否が検討されることがある。インセンティブ制度は，受注者のより積極的な取り組みを引き出すため，性能指標値を優良な値で達成した受注者に対して，アスファルト舗装工事に参加する際に評定点を加点するなどの事例がある。

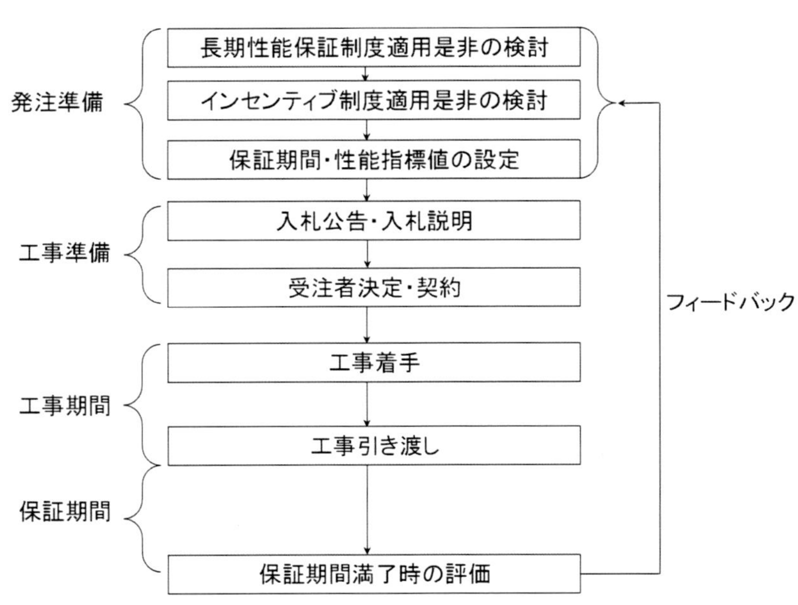

図-2.2.1　長期保証制度の流れ

2-3　長期保証制度の効果

これまで述べたとおり長期保証制度の効果は，供用早期における舗装の変状を管理することで，早期に劣化することを回避させることにある。その結果として，先に述べた**図-1.2.1**の舗装Bのように，目標とする供用年数に達しても管理基準に到達することなく，早期劣化を確実に防止することが期待できる。

ここで重要なことは，長期保証制度で求める性能指標値の水準は，従来の施工管理・検査を満たせば十分に満足できるという点である。性能確保のために，高性能な材料や工法を対価が伴わないまま用いることを長期保証制度の適用で求めるものであってはならない。高性能な材料や工法を用いるならば相応の対価を伴わせるべきであり，発注者が設計段階で考慮する事項そのものである。工事の質の確保に関して，長期保証制度の効果と，高性能な材料や工法によって工事の質を高めること（以下，スペックアップという）による効果との違いを**図-2.3.1**に示す。

図-2.3.1の左図はスペックアップによる効果を示したものであり，例えば，発注段階でより高性能な材料や工法を採択するよう仕様を定めて品質向上を図るようなケースが該当する。このことから**図-2.3.1**の左図のように，全体の工事において一様に品質が向上する変化をもたらす。

一方で長期保証制度の場合は，**図-2.3.1**の右図のように，早期の変状が懸念される一部の工事において標準的施工を確実に実施することにより，結果として全体の工事の品質的なばらつきの低減を図る点が特徴である。これにより，性能指標値を超過し，早期に損傷が進行する現場の発現の回避を目指す。ただし確実な施工を行ったとしても，天災，事故や，路体等の他構造物の不備など，受注者の責によらない事態により性能指標値を超過する変状が発生する場合は，免責事項が適用される。

このように，長期保証制度がいかにして早期の劣化の回避に資するのか，要点を理解して適切に運用することが重要である。

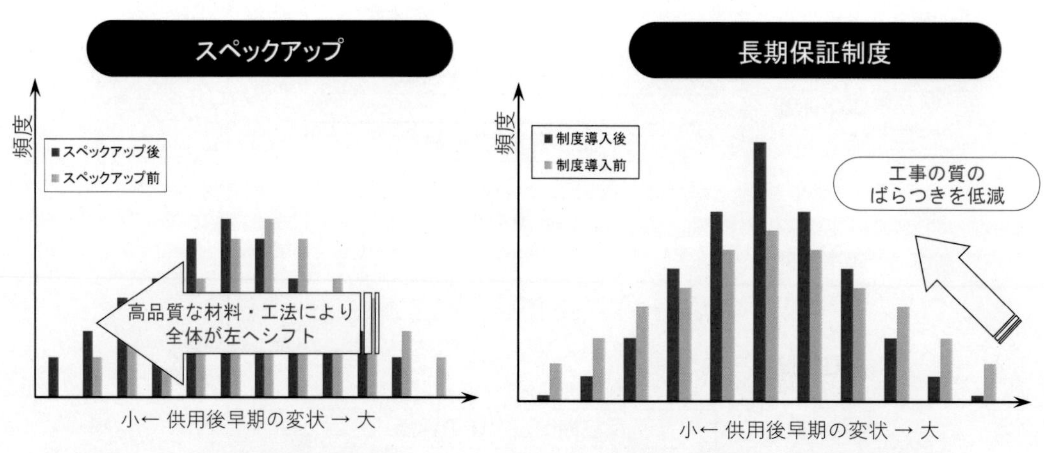

図-2.3.1　長期保証制度とスペックアップに関する品質向上効果の概念

第３章　目標性能の設定

3-1　性能指標値等の設定

3-1-1　性能指標の項目の設定について

（１）技術基準における舗装の性能指標

舗装の性能指標は，道路利用者や沿道住民によって要求される様々な機能に応えるために性能ごとに設定する指標のことである。性能指標は，社会のニーズに照らした優劣を的確に評価でき，かつ再現性と透明性を確保しつつ，さらに発注者と受注者の双方が理解しやすいものでなければならない。基本的に発注者は性能指標の決定と完成品の性能評価を行い，設計，材料，施工の選定は受注者の裁量に委ねられる部分がある。具体的な路面の機能と性能指標の関係は，舗装の構造に関する技術基準・同解説にて**図-3.1.1**のとおり示されている。また，疲労破壊輪数，塑性変形輪数および平たん性が必須の指標として設けられており，さらに，雨水を路面下に円滑に浸透させせることができる構造の場合は，雨水の透水能力として浸透水量が必須の性能指標として設けられている。

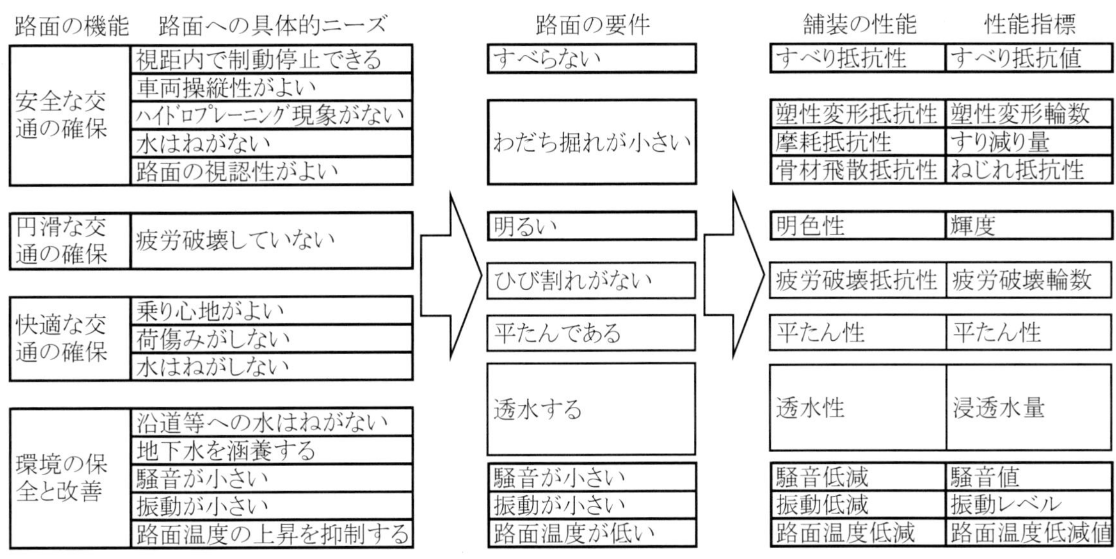

図-3.1.1　舗装の性能指標の例 [1)]

なお，技術基準における性能指標設定上の留意点は以下の通りである。

① 舗装の性能指標は，原則として車道および側帯の新設，改築および大規模な修繕の場合に設定する。

② 舗装の性能指標およびその値は，道路の存する地域の地質および気象の状況，交通の状況，沿道の土地利用状況等を勘案して，舗装がおかれている状況ごとに道路管理者が任意に設定する。

③ 舗装の性能指標の値は施工直後の値とするが，施工直後の値だけでは性能の確認が不十分である場合には，必要に応じ，供用後一定期間を経た時点での値を設定する。

④ 疲労破壊輪数，塑性変形輪数および平たん性は舗装の必須の性能指標であり，路肩全体やバ

ス停などを除き必ず設定する。

⑤　雨水を道路の路面以下に円滑に浸透させることができる構造とする場合には，舗装の性能指標として浸透水量を設定する。

⑥　騒音値，すべり抵抗値などの舗装の性能指標は，それぞれ必要に応じて設定する。

技術基準に示された舗装の性能指標値は工事完成時の性能を評価し，これによって設計期間内での舗装の性能を担保するものである。なお，長期保証制度においては，舗装の経年劣化の実態を踏まえて設定された性能指標値等をもって運用されることが一般的である。

（2）長期保証における性能指標の項目の設定の考え方について

前述したとおり，工事直後の検査において，疲労破壊輪数や塑性変形輪数といった性能指標値を満足していても，その後，目標とする供用期間において，早期に舗装の損傷が進行する事例が見られる。材料や施工方法だけでなく，供用中に交通量の増加や急激な天候の変化などの性能に影響を与える因子が存在する。よって，工事直後だけでは長期的な性能の確保の確認が難しいため，必要に応じ，供用後一定期間を経た時点での性能を確認することが有効である。

性能指標の項目を設定するにあたっては，道路管理者が早期劣化防止や一般的な施工方法の確実な実施により十分達成可能な性能であることを念頭に，対象とする性能指標の項目を何にするかを過去の修繕工事や供用中の実態を整理・分析し，早期に損傷が進行している区間においてどのような性能指標の項目が原因となって修繕が必要になったかを分析し設定することが重要である。

（3）性能指標の項目の設定例

性能指標の項目を設定した例を以下に示す。

東北地方整備局においては，長期保証を導入するにあたり着目すべき性能指標の項目を抽出するために，管内のすべての事務所を対象に，新設後最初にオーバーレイ工事を実施した際の，その理由について調査を実施した。

調査対象とする工事の条件は，以下のとおりとした。

1）土工部がアスファルト舗装で，平成元年以降に供用した新設道路

2）車道本線のみとし，ランプなどの補修は除外

3）部分打換えやクラック補修，小規模オーバーレイは対象外

調査結果を**図-3.1.2**に示す。これによると，オーバーレイ工事の実施理由の約９割がわだち掘れまたはひび割れによるものであったため，東北地方整備局管内においては長期保証制度における性能指標の項目を「わだち掘れ」および「ひび割れ」と設定した。

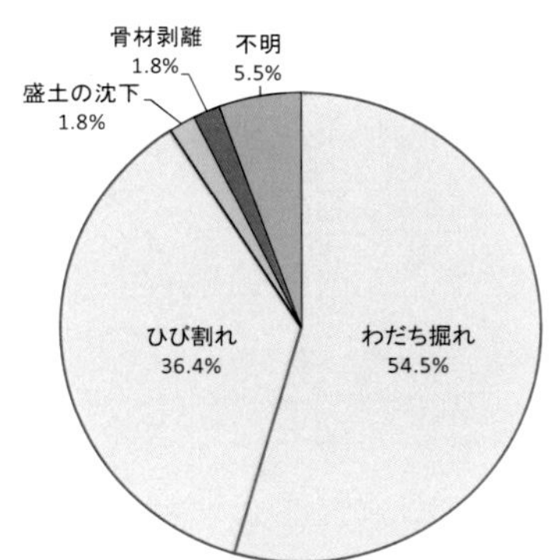

図-3.1.2　オーバーレイ工事の実施理由（東北地方整備局管内事務所アンケート結果[2]より）

3-1-2　保証期間の設定について

（1）保証期間の設定の考え方について

保証期間を設定し保証期間内での変状を抑制することは，より長期供用性の確保に資することが期待される。一方で，保証期間は，長い年月を設定すると発注者・受注者ともに過度な負担となることが想定される。以上のことから，先ずは性能指標の項目における過去の経年データを分析し，道路管理者の設定した管理基準を踏まえたうえで，ある経年期間で舗装の性能指標値を満足していれば良好な供用性を長期間確保できると判断される現実的な期間を保証期間として設定することが重要である。なお，保証期間の設定の仕方は，過去の経年データを以て設定することが望ましいものの，それらのデータが十分でない場合等は，近年の修繕工事（もしくは新設工事）から次の修繕工事までの最短期間を目安とすることも可能である。なお，修繕最短期間をもとに保証期間を設定する場合は，標準的な施工で実現できる範囲内で設定する観点からの検討が重要である。

（2）保証期間の設定例

東北地方整備局において保証期間を設定した例を以下に示す。

長期保証制度を適用するにあたって，過度に長い保証期間は発注者・受注者ともに負担増となることに鑑みつつ，まずは供用年数の目標値を定め，これに応じた適切な保証期間を設定する必要がある。供用年数の平均的な目標値の設定にあたって，東北地方整備局では管内において舗装新設からオーバーレイまでの供用年数を調査し，**図-3.1.3**に示す結果を得ている。当該整備局では標準的な耐用年数以上の長寿命化を意図し，10年以上のデータに着目してオーバーレイまでの平均年数を算出したところ12.6年であったことから，目標とする供用年数を13年と設定した。

一方，最短の保証期間の設定にあたっては，目標とする供用年数未満であること，発注者・受注者双方に過度な負担を与えない適切な期間を設定する必要があることを考慮し，管内の過去の工事におけるオーバーレイまでの供用最短年数の5年を基本的な期間として採用した。オーバーレイまでの供用最短年数に着目した理由は，保証期間は，施工や使用材料の品質に起因せずに早期劣化区間が発生しない期間に設定することが望ましいためである。この意味において，オーバーレイまでの供用最短年数に着目することは，早期劣化区間を無くすうえで有効であると考えられる。

このように，道路管理者は，道路舗装の早期劣化の防止について，過去のデータを分析し供用年数の目標値を設定したうえで，保証期間を設定することが望ましい。なお，過去のデータや事例が不足し，設定が難しい場合，まずは類似箇所や他の道路管理者の設定事例を参考に適切な値を設定して運用し，データを蓄積したうえで道路管理者の設定した目標値に合致しているか再度確認し必要に応じて見直すことも有効である。なお，この場合には，当該取組の当初においては自らの分析結果による保証期間等の設定とはならないため，長期性能保証の対象とする区間において，標準的な施工の確実な実施の範囲内で実現可能か十分な検討が求められる。

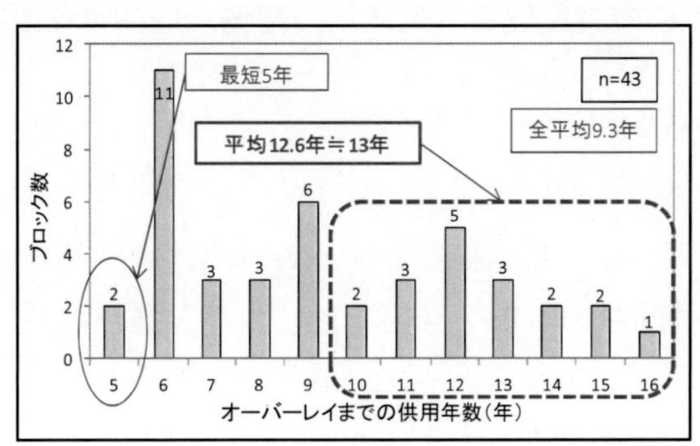

図-3.1.3　オーバーレイに至るまでの供用年数例（密粒度アスファルト舗装） [2)]

3-1-3　性能指標値の設定について

（1）性能指標値を設定する際の考え方について

性能指標値は，想定される工事費に見合った適正な水準を求める必要があり，受注者の負担増を要する品質レベルの向上を求めるものではない。現行の長期保証制度は，発注者が定めた設計図書に従って適切な施工を行えば十分に性能指標値の達成が可能な範囲において行われるものであり，性能保証期間内の早期の変状の発生を回避することによって長期的な品質確保を図ることを目的とする。したがって，性能指標値の設定は過去のデータ等を整理・分析し，設計条件や施工条件，交通条件等に配慮したうえで，特別な材料や機械等を用いずに一般的な材料や機械を用いて施工をすることで十分に達成可能な値を指標値として設定する必要がある。つまり，標準的な施工を確実に実施することで早期に損傷が発生する事態を減少させ，長期的な品質を確保することを目指すものである。

なお，性能指標値を設定する際においても，保証期間の設定の時と同様の趣旨で過去のデータを分析したうえで設定し，過去のデータが不足した場合の現実的対応としては，まずは類似箇所や他の道路管理者の事例を参考に適切な値を設定して運用し，そのうえでデータを蓄積し見直すことも有効である。この場合，設定にあたっては，前述の趣旨を踏まえて標準的な施工で十分に達成可能な指標値とするよう配慮する必要がある。長期保証制度の適用事例が多い性能指標項目であるわだち掘れ量およびひび割れ率を設定した事例を以下に紹介する。

（2）性能指標値の設定例（その１）

東北地方整備局においては，わだち掘れ量の性能指標値を検討した。検討にあたり，過年度の管内の舗装の路面性状測定結果（わだち掘れ量）と供用年数の関係をプロットし，年数毎の平均値を算出したうえで回帰曲線を引いた（**図-3.1.4**）。

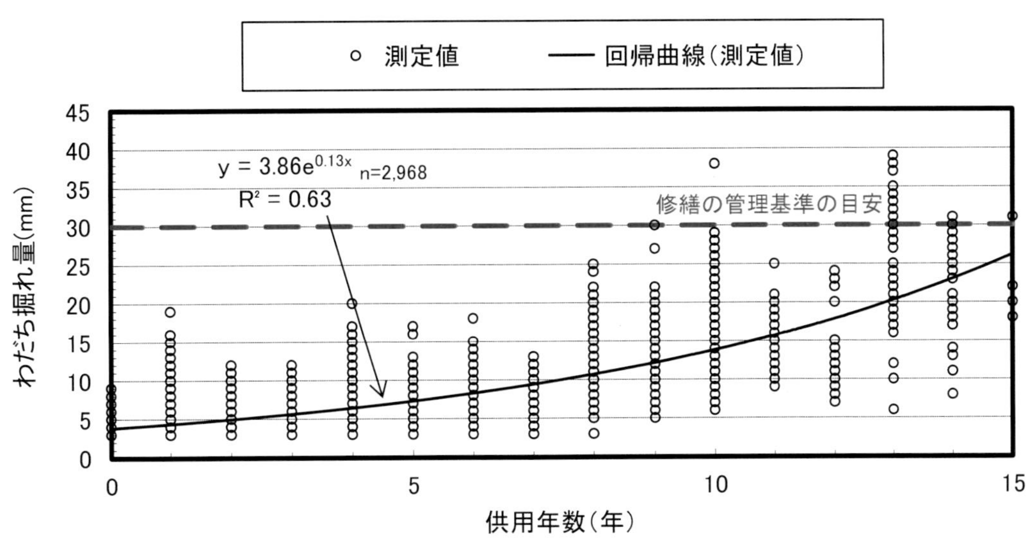

図-3.1.4 過去の路面性状測定結果（わだち掘れ量）の整理例（密粒度アスファルト舗装） [3)]

次に，供用年数毎にデータ（わだち掘れ量）の分散状況を見て，平均値+2σをプロットし，その回帰曲線を求め，かつ東北地方整備局が当時設定していた修繕の管理基準の目安（わだち掘れ量は 30mm）に目標とする供用年数（13 年）を満たすよう回帰曲線を求めた。この曲線は東北地方整備局が当時設定していた修繕の管理基準の目安（わだち掘れ量は 30mm）に目標とする供用年数（13 年）で達することと整合している（**図-3.1.5**）。以上より，保証期間の 5 年通常の工事であれば達成できるであろうという目標を性能指標値とする趣旨から，保証期間の 5 年の平均値+2σであるわだち掘れ量 13mm を目標とする指標値として設定した。

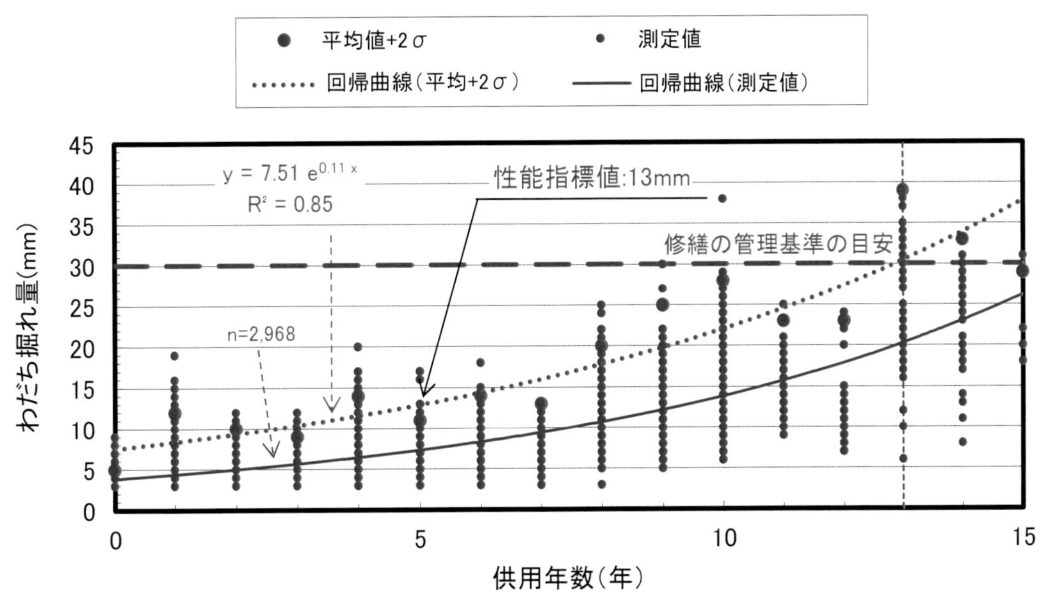

図-3.1.5 路面性状測定の実態からのわだち掘れの性能指標値の検討（密粒度アスファルト舗装） [3)]

（3）性能指標値の設定例（その2）

北海道開発局においては，過去の路面性状のデータおよびその推移から，わだち掘れ量が一定年後にどれだけ変化しているかデータを整理し，最小二乗法によって求めた回帰曲線を用いるのではなく，マルコフ遷移確率を用いて曲線を作った。わだち掘れ量の推移は，舗設直後のわだち掘れ量を 0～5mm と仮定したマルコフ遷移確率を用いた確率分布を**表-3.1.1** のように算出し，供用年数とわだち掘れ量の確率分布の推移を**図-3.1.6** のように図化した。通常の工事であれば達成できるであろうという目標を性能指標値とする趣旨から，95 パーセンタイル値（95%の工事では達成可能な値）を採用し，供用年数 5 年，わだち掘れ量指標値 15mm を設定した。

なお，北海道開発局が管理する道路全体の平均供用年数は 15 年で，修繕の管理基準は，わだち掘れ量の場合は 30mm としているが，95 パーセンタイル値の曲線は平均供用年数 15 年の時点でわだち掘れ量 30mm を上回らなく，供用年数１７年まで長寿命化を図ることが予想されている（**図-3.1.6**）。

表-3.1.1　わだち掘れ量のマルコフ遷移確率（管内の 6 年分の路面性状データ）

（北海道開発局提供資料）

わだち掘れ量の遷移確率		n+1年後のわだち掘れ量(mm)																				
		0～4.9	5.0～6.9	7.0～8.9	9.0～10.9	11.0～12.9	13.0～14.9	15.0～16.9	17.0～18.9	19.0～20.9	21.0～22.9	23.0～24.9	25.0～26.9	27.0～28.9	29.0～30.9	31.0～32.9	33.0～34.9	35.0～36.9	37.0～38.9	39.0～40.9	41.0～	計
n年後のわだち掘れ量（mm）	0～4.9	0.6220	0.3553	0.0206	0.0021	0.0000																1.0000
	5.0～6.9		0.6468	0.3315	0.0192	0.0024	0.0001															1.0000
	7.0～8.9			0.6346	0.3443	0.0174	0.0033	0.0004														1.0000
	9.0～10.9				0.6278	0.3470	0.0215	0.0037														1.0000
	11.0～12.9					0.6131	0.3598	0.0241	0.0025	0.0005												1.0000
	13.0～14.9						0.5680	0.3910	0.0361	0.0042	0.0007											1.0000
	15.0～16.9							0.5476	0.4108	0.0379	0.0036	0.0001										1.0000
	17.0～18.9								0.5889	0.3724	0.0363	0.0024										1.0000
	19.0～20.9									0.5595	0.3863	0.0512	0.0022	0.0008								1.0000
	21.0～22.9										0.5510	0.4003	0.0441	0.0035	0.0011							1.0000
	23.0～24.9											0.5545	0.3984	0.0422	0.0049							1.0000
	25.0～26.9												0.6092	0.3562	0.0346							1.0000
	27.0～28.9													0.5896	0.3851	0.0213	0.0040					1.0000
	29.0～30.9														0.6135	0.3433	0.0432					1.0000
	31.0～32.9															0.6248	0.3020	0.0732				1.0000
	33.0～34.9																0.4974	0.4823	0.0203			1.0000
	35.0～36.9																	0.5197	0.4272	0.0531		1.0000
	37.0～38.9																		0.8261	0.1739		1.0000
	39.0～40.9																			0.7000	0.3000	1.0000
	41.0～																				1.0000	1.0000

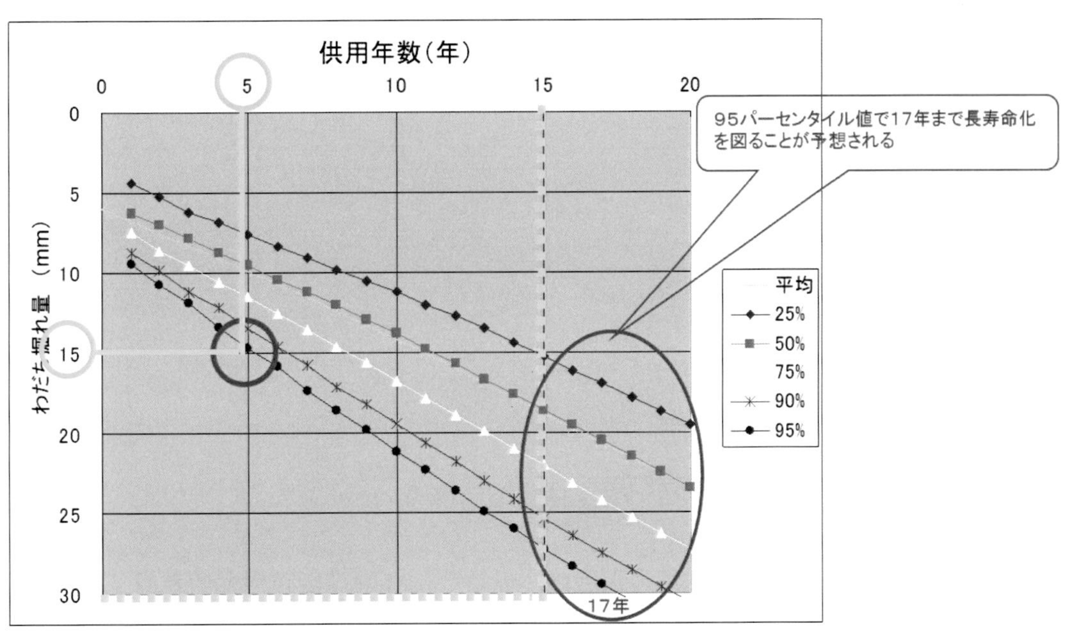

図-3.1.6　路面性状測定の実態からの性能指標値の検討例（北海道開発局提供資料）

（4）性能指標値の設定例（その3）

北陸地方整備局においては，過年度の舗装の路面性状データの値（ひび割れ率）と供用年数の関係を**図-3.1.7**のように整理したうえで，ひび割れ率の指標値を設定している。

図-3.1.7は，平成12年度以降の路面性状のデータについて，修繕もしくは改築工事後の経過年数毎に，平均値および平均値+σ，+2σ，+3σの値をプロットし，そのうえでそれぞれの回帰式を引いたものである。

目標とするひび割れ率の性能指標値を設定するにあたっては，打換えや切削オーバーレイを行う目安値である40%を目標値として，当時目標としていた供用年数20年の段階で，この値以下に抑えることとした。

これを満足する回帰式は**表-3.1.2**のように平均値，平均値+1σ，平均値+2σの3種類となった。標準偏差2倍の範囲内に全データの約95%が分布することを意味する平均値+2σを採用し，目標とする性能指標値は11%（保証期間は5年）と設定した。

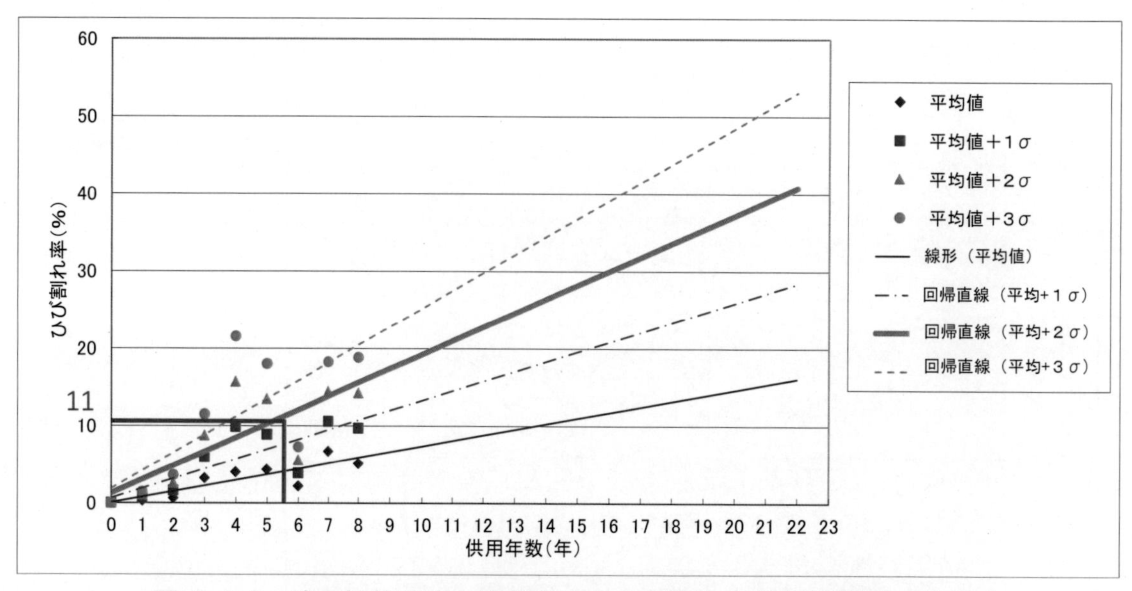

図-3.1.7　路面性状測定の実態からのひび割れの性能指標値の検討 4)

表-3.1.2　回帰式から算出したひび割れ率 4)

回帰式の種類	回帰式から算出したひび割れ率(%)			
	供用　3 年	供用　5 年	供用　10 年	供用　15 年
平均値	3	4	8	11
平均値+1σ	5	7	14	20
平均値+2σ	7	11	20	29
平均値+3σ	9	14	26	37
回帰式の種類	回帰式から算出したひび割れ率(%)			
	供用　19 年	供用　20 年	供用　21 年	供用　22 年
平均値	14	15	16	17
平均値+1σ	25	26	28	29
平均値+2σ	36	**38**	39	41
平均値+3σ	47	49	51	54

3-2　適用対象外となる条件

3-2-1　適用対象外とすべき区間について

現在適用している直轄国道のアスファルト舗装工事については，受注者の責によらない理由（地盤や路体の条件等）で，当該工事の広い範囲で舗装に変状が生じる恐れのある場合および，基層または表層のみの施工で，路盤を含まない工事を本制度の対象外としている。また，アスファルト舗装でない場合も，データが蓄積されていないことから対象外としている。その他，工事着手後も受注者の責によらない予期せぬ事案が発生し，保証内容を受注者の施工内容によらず満足できない恐れが高くなった区間においても，発注者と受注者で段階的に協議をし，対象外としている。なお，適用対象外となっている内容に関してもデータを蓄積し，今後の長期保証制度の運用拡充を図ることが望ましい。

3-2-2　免責事項の設定について

長期保証制度において保証区間における免責及び免責区間を設ける場合の免責事項は以下の項目が挙げられる。

（1）免責事項

1)天災及び異常気象による路面の変状

2)交通事故による路面の変状

3)土工部の沈下の影響（横断構造物等の周辺を含む）による路面の変状

土工部の沈下が想定される箇所に関しては，沈下の証明方法を事前に受発注者間で合意しておくことが望ましい。

4)占用物件の不具合による路面の損傷

5)その他，不測の事態等受注者の責任によらないと発注者が認めた場合

- 上記以外の項目の内容は，必要に応じて発注者が適宜判断し，受注者に過度な負担とならないよう設定するものとする。
- 対象とする項目や適用範囲に関しては，事前に発注者と受注者の双方で協議することが望ましい。
- 交差点，トンネル，橋梁部等は一般部とは性格が異なることから，その範囲を考慮したうえで必要に応じて免責事項として設定するものとする。
- 設計よりも上回る大型車交通量の発生やタイヤチェーン走行により，わだち掘れの路面変状が発生した場合は，不測の事態とし，受注者の責任によらない事象としてその他の項目とする。
- 設定した免責事項が保証期間中又は保証期間満了時に該当した場合は，受発注者で協議をして記録を残すこと。

（2）免責事項の設定および適用に関する留意事項

一定期間後の性能指標値を設定し管理することで長寿命化が期待されるものの，受注者側のリスクを考慮すると受注者の責によらない理由により免責する考えも必要となる。免責項目を設けることにより受注者側のリスクを軽減することができるが，長寿命化の観点を踏まえると，標準的な施工の確実な実施で達成可能と考えられる範囲内で可能な限り免責区間を少なくすることが望ましい。なお，免責事項やその範囲（延長）が不明確な場合，受発注間で協議・確認が必要となり，円滑な運用に支障が出る可能性があることから，統一した考えが望ましい。また，免責事項において，事前協議となる場合，事後協議となる場合，あるいは事前及び事後協議となる場合が考えられるため，その項目ごとに事前に整理し特記仕様書等に記述しておく必要がある。

＜参考文献＞

1）(公社)日本道路協会：舗装設計施工指針（平成 18 年度版），平成 18 年 2 月

2）(一財)国土技術研究センター：「アスファルト舗装の長期保証」，JICE レポート２０１７第３１号

アスファルト舗装の長期保証　pp26～29
3）日下貴博：舗装工事の長期保証制度について,平成 22 年度国土技術研究会
4）梅本博文：北陸における長期保証型舗装の運用について，平成 25 年北陸地方整備局　事業研究発表会

第４章　測定と評価

長期保証制度を適用する工事においては，保証期間満了時の性能を測定し，第３章に記載した性能指標値を満足しているか否かの評価が実施される。その際の測定方法と評価方法は，契約条項に示すことが必要な事項であり，多くの場合，「舗装調査・試験法便覧」や「舗装性能評価法」に示される方法が用いられている。「舗装調査・試験法便覧」や「舗装性能評価法」には，路面性状や性能を測定する方法として複数の装置とそれにあわせた測定方法が示されている。

長期保証制度を適用する工事の契約条項に測定方法と評価方法を示すにあたっては，採用する測定方法の特性・特徴に留意し，所要の測定精度・再現性が得られるように測定位置や測定条件等の詳細を決める必要がある。また契約条項に示す性能指標値を過去に測定・蓄積したデータを用いて設定する場合，それらのデータがどのような測定方法によるものか，その詳細を確認してバックデータとしての使用の可否を判断する。さらに契約後，保証期間満了時の評価にあたっては，工事完成時から保証期間満了時までの対象とする性能指標の測定値の推移の確認が必要な場合があり，国土交通省における例として「工事完成時に初期値の測定」，「引き渡し後１年目を超えない範囲で初期変状の把握を目的とする測定」，「2～4 年目で舗装期間満了時までの中間年の変状の把握を目的とする測定」の３段階で測定が行なわれている。これらの測定方法についても，保証期間満了時の測定方法と関連付けられるものでなければならない。

本章では，性能指標項目別に測定と評価の方法について，留意事項を中心に解説する。

4-1　測定方法

4-1-1　測定者

測定を行う測定者は発注者が決定し，契約条項に示す必要がある。一般的に保証期間満了時の評価や，その参考とする初期変状時，保証期間満了時までの中間年，および性能指標値の設定に用いるデータの測定は発注者あるいは道路管理者が行う場合が多く，工事完成時の測定は工事に含めて受注者に委託する場合が多い。いずれも，各性能の測定ならびにその評価の方法について十分な知識を有した者が行うよう規定する必要がある。

4-1-2　測定方法

測定方法は，その詳細を契約条項に示す必要がある。一般的には「舗装調査・試験法便覧」や「舗装性能評価法」に示される方法が用いられる。以下，「舗装の構造に関する技術基準」において必須とされる性能に対応する「わだち掘れ量」，「ひび割れ率」，「平たん性」および「浸透水量」の測定方法を「舗装調査・試験法便覧」に準拠する場合について記す。

（１）わだち掘れ量の測定

わだち掘れ量の測定は，「舗装調査・試験法便覧」の「S030　舗装路面のわだち掘れ量測定方法」に記載された方法により舗装路面の横断凹凸を計測し，わだち掘れ量を算出する。測定装置は，測定時に交通規制の必要がなく広範囲の測定が効率的となる路面性状測定車の使用が一般的である。ただし路面性状測定車には，定点観測において位置合わせの誤差から測定値の再現性が低くなる場合がある。そこで位置を特定した測定が必要な場合等には，正確な位置合わせが可能で定点観測において測定値の再現性が高い横断プロフィルメータの使用を検討するとよい。

わだち掘れ量の測定位置は，「**4-2-4　評価単位**」に示すあらかじめ等間隔に割り付けた評価単位ブロック延長方向の中央（例：評価単位ブロックを車線毎 20m 間隔となる工事測点にあわせて割り付けた場合の測定位置は工事測点＋10m の位置）とするとよい。なお，当該位置が橋梁の伸縮装置部や路面標示，施工継目やマンホール部等，わだち掘れ量の計測に適さない場合には測定位置をオフセットさせるものとし，そのオフセット量を記録する。

【留意事項】

1）舗装が摩耗する積雪寒冷地域では，外側線や車線境界線等の路面標示の位置が再施工により移動することがある。測定位置を正確に引き継ぐためには，「初期値測定の手引き（素案）平成28年6月　東北技術事務所」[1]を参考にするなどして，金属ピン等によりマーキング（打鋲）しておくとよい（**図-4.1.1～3**）。

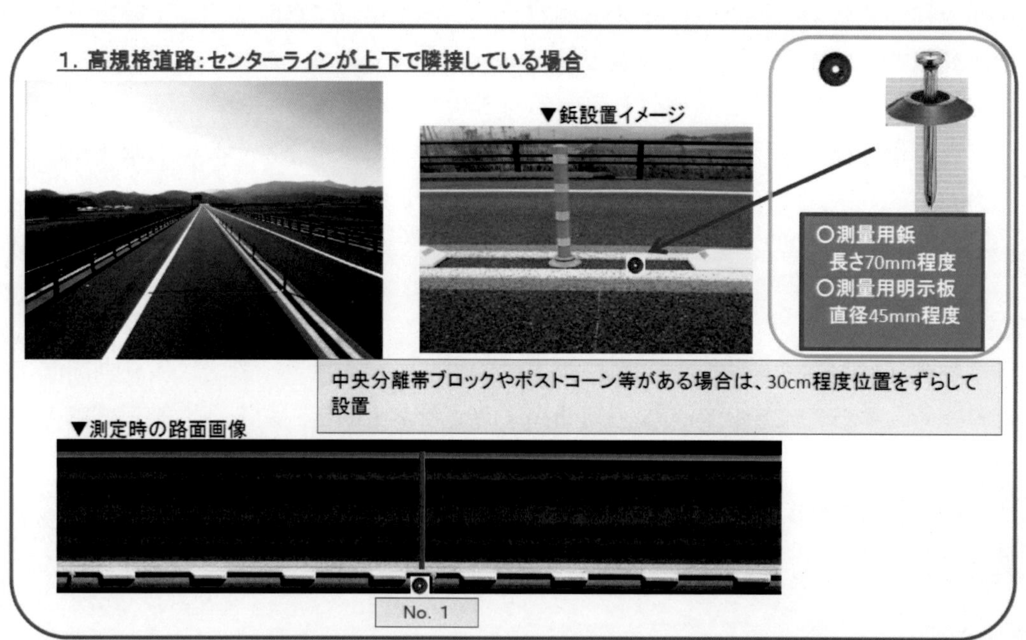

図-4.1.1　測定箇所のマーキング（打鋲）の例[1]
高規格道路（自動車専用道路）の場合－その1－

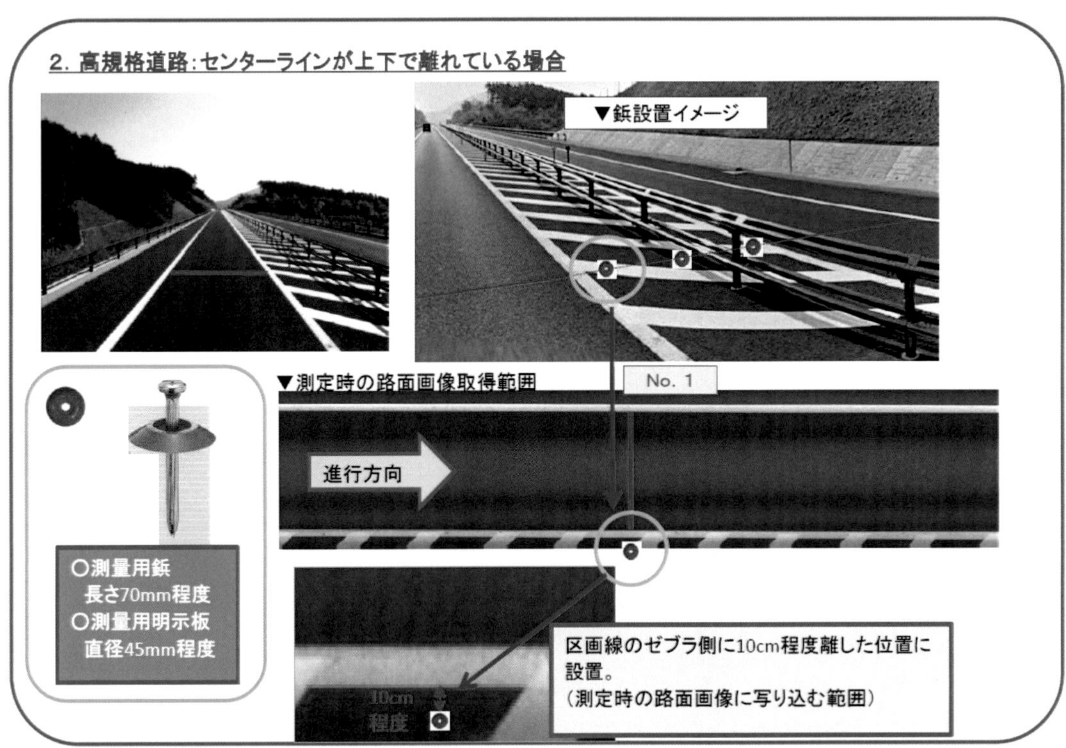

図-4.1.2　測定箇所のマーキング（打鋲）の例[1)]
高規格道路（自動車専用道路）の場合－その2－

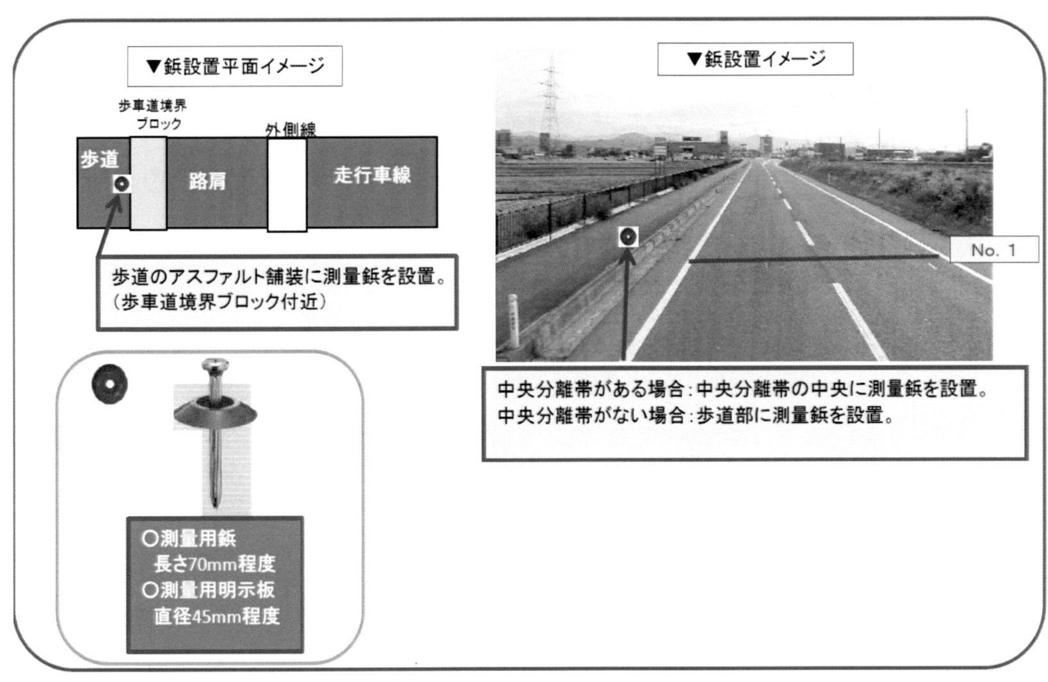

図-4.1.3　測定箇所のマーキング（打鋲）の例[1)]
（一般道の場合）

2) わだち掘れ量は，主に流動によるものか摩耗によるものかによって進行する季節が異なり，経年変化はその要因とともに観測する必要がある。例えば，夏期の流動の影響が主因と想定される路線においては夏期の前あるいは後の同一時期に，冬期の摩耗の影響が主因と想定される路線においては冬期の前あるいは後の同一時期に計測することで，その影響を一様に加味できる。

3) 測定装置の精度は測定値に影響を及ぼす。特に構造が複雑となる路面性状測定車を使用する場合は，装置の定期的なメンテナンス，キャリブレーションが必須となる。よって，以下に示す検定，定期点検，日常点検を実施するとよい。

① 検定

路面性状測定車の検定は，年 1 回以上の頻度で実施する。

なお，検定については，一般財団法人土木研究センターにおいて毎年実施されている「路面性状自動測定装置の性能確認試験」による性能の認定を活用できる。性能の認定は**表-4.1.1** に示す値[2]で行われている。

② 定期点検

路面性状測定車の定期点検は，横断プロフィルメータの測定結果との比較を行う等，装置の製造会社が指定する方法等により，年 1 回以上実施する。

③ 日常点検

路面性状測定車の日常点検は，変位計と記録装置の動作確認を行う。

表-4.1.1 路面性状測定車の認定範囲の例[2]

項　目	認 定 範 囲
距離測定	光学測量機による距離の測定値に対し、±0.3%以内
わだち掘れ量	横断プロフィルメータによるわだち掘れ深さ（わだち掘れ量）の測定値に対し、±3mm以内
ひび割れ率	幅1mm以上のひび割れが識別可能
平たん性	縦断プロフィルメータ（3mプロフィルメータ）による標準偏差の測定値に対し、±30%以内

（2）ひび割れ率の測定

ひび割れ率の測定は，「舗装調査・試験法便覧」の「S029　舗装路面のひび割れ測定方法」に記載された方法により，舗装路面のひびわれを観測してひび割れ率を算出する。測定装置は，測定時に交通規制の必要がなく広範囲の測定が効率的となる路面性状測定車の使用が一般的である。測定に路面性状測定車を用いない場合等，現場の状況に応じてより合理的と判断される場合には，徒歩で全線を観測するスケッチ法の採用を検討するとよい。

【留意事項】

1) 路面性状測定車を用いたひび割れ率の測定は，わだち掘れ量の測定と同様に測定装置の精度が測定値に影響を及ぼす。よって，（１）3）に示す検定，定期点検，日常点検を実施するとよい。

2) ひび割れ率の算出は，ひび割れが入った縦横0.5mのます目の数を数えて行う。線状ひび割れがメッシュの境界に沿いつつ跨いで生じている場合（**図-4.1.4**-①）は，両方のメッシュでカウントせず，どちらかのメッシュにひび割れが生じているものとする。

3) 独立して発生しているひび割れで，長さ20cmを下回る短いもの（**図-4.1.4**-②）は，ひび割れとしてカウントしない。

4) 部分的に断続，分岐，重走しているが，ほぼ１本と見なせる線状ひび割れ（**図-4.1.4**-③）は，連続した１本のひび割れとしてカウントする。

5) ひび割れが生じた箇所にシール材が施工されている場合は，ひび割れとしてカウントする。

6) ポットホールや亀甲状ひび割れを局部的に穴埋め，あるいは入れ換えた場合は「舗装調査・試験法便覧」においてパッチングとしてカウントする。ある程度の面積でまとめて（目安：車線全体を20m以上）部分的にオーバーレイあるいは打換えた場合は，舗装の一部を完全に補修したとみなしてパッチングとしてカウントしない。

7) 占用工事の舗装復旧の跡や構造物周りのすり付けは，長期保証制度を適用した工事外の事象であり，パッチングとしてカウントしない。

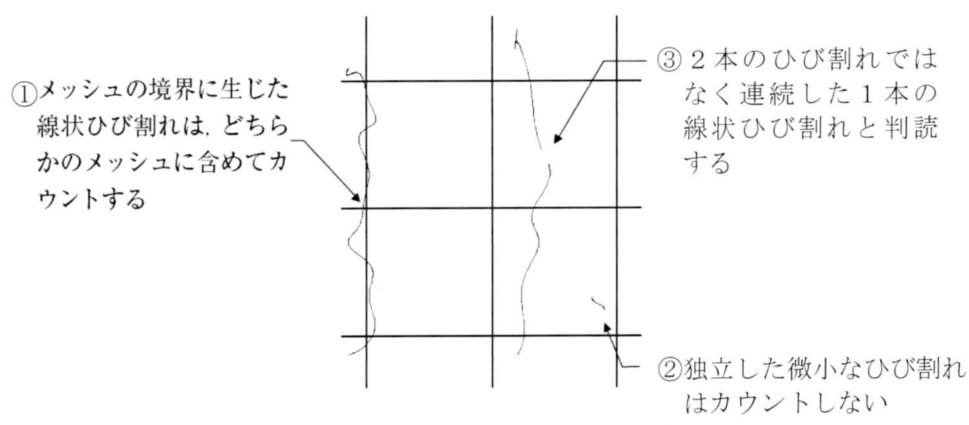

図-4.1.4　メッシュの境界線に沿ったひび割れ例

（３）平たん性の測定

平たん性の測定は，「舗装調査・試験法便覧」の「S028　舗装路面の平たん性測定方法」に記載された方法により，縦断方向3mを結んだ基準線と，その中間点1.5mの位置での高低差の標準偏差を算出する。測定装置は，測定時に交通規制の必要がなく効率的に広範囲の継続作業を実施できる路面性状測定車の使用が一般的である。路面性状測定車を用いない場合等，現場の状況に応じてより合理的と判断される場合には，3mプロフィルメータの採用を検討するとよい。

【留意事項】

1) 路面性状測定車を用いた平たん性の測定は，わだち掘れ量の測定と同様に測定装置の精度が測定値に影響を及ぼす。よって，（１）3）に示す検定，定期点検，日常点検を実施するとよい。

2) 平たん性の測定位置は，「舗装性能評価法」に示される車線中央から1m外側を基本とするとよい。

3) 測定位置に橋梁の継手部や路面標示，施工目地やマンホール等がある場合については，「舗装性能評価法」に示される除外項目として取り扱うものとするとよい。

4) 「舗装点検要領」では，縦断凹凸の代表指標として平たん性ではなくIRIが示されている。IRIの測定方法には「舗装調査・試験法便覧」に記述される精度の異なるクラス1～クラス4の方法がある。長期保証制度の性能指標値をIRIで設定して契約しようとする場合は，各段階とも精度や再現性の高い水準測量によるクラス1，あるいは任意の縦断凹凸測定装置を使用するクラス2の方法とするとよい。

（4）浸透水量の測定

浸透水量の測定方法は，「舗装調査・試験法便覧」の「S025　現場透水量試験方法」に記載された方法により現場透水量試験器を用いて行う。路面から高さ 60 cmまで満たした水 400mL の流下に要した平均流下時間を，2～4 回目に測定した 3 データを算術平均した後に小数点第二位を四捨五入した値として求め，これを 15 秒間に流下する水量に換算（測定単位：mL/15 秒）する。

【留意事項】

1) 現場透水量試験器は，水頭600mm からの測定が可能な高さを有しているものを使用する。

2) 試験器の底盤と路面の隙間から漏水がないようにする。

3) 供用開始後の浸透水量は，OWP（外側わだち部），IWP（内側わだち部），BWP（OWP～IWP の非わだち部）の測定位置によって異なる結果を示す場合があることを考慮して，あらかじめ契約条項として測定位置を明記しておく必要がある。

4-2　評価方法

評価方法は，契約条項に示す必要がある。長期保証制度を適用する工事では，保証期間満了時における対象とする性能指標項目の測定結果（以下，測定値という）が性能指標値を満足しているか否かの評価を行う。また，必要に応じて保証期間中の測定値の変化を記録し評価に結びつける。評価は再現性と透明性の高い測定値を用い，発注者と受注者双方が納得できるものとしなければならない。

4-2-1　評価に使用する測定値

保証期間満了時の評価は，引き渡し日から起算された保証期間満了日の測定値の使用を基本とし，当該地域の気象条件，地形条件および交通量等の条件を加味した上で，保証期間を超えない時期（原則として保証期間満了日の手前１か月間）の測定値を使用することが望ましい。

やむを得ない理由により，当該時期ではなく保証期間満了１か月前より早く測定した場合に，保証期間満了時の測定値を推計する方法として，**図-4.2.1** に示すように測定値と中間年の測定値などを用いた２点間の線形近似式等で算定して，測定値の変化に照らして判断する方法がある。

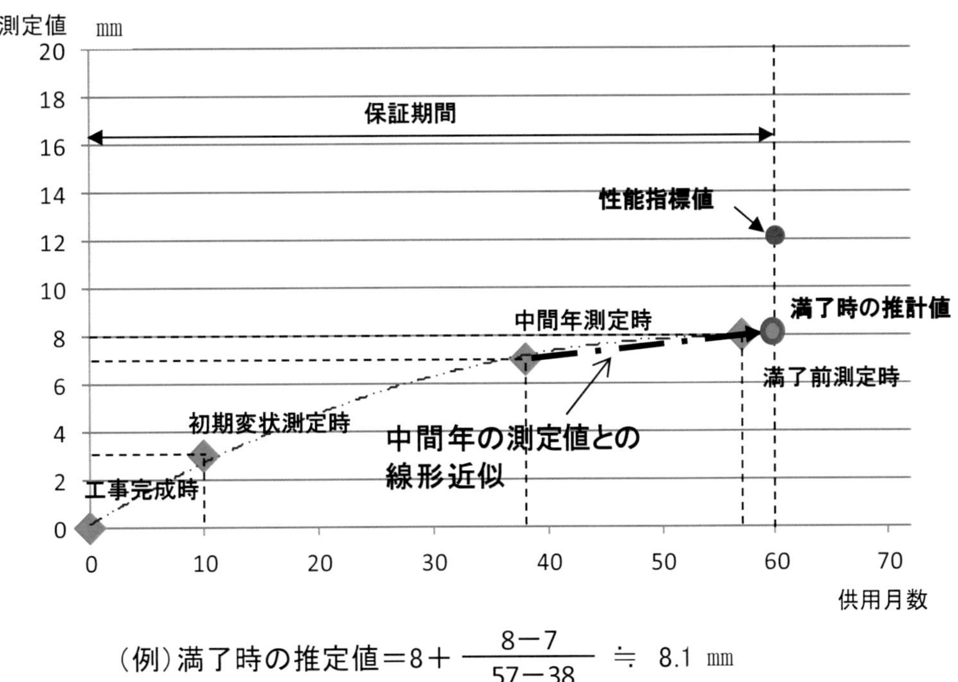

図-4.2.1 保証期間満了時の測定値の推計（わだち掘れ量の例）

長期保証制度を適用した工事では，単に保証期間満了時に性能指標値を満足したか否かだけではなく，満足しなかった場合はその原因を発注者と受注者双方で考え，必要に応じて対応を考えていくことが重要である。その際，測定値の変化を把握していると原因分析に有効である。

4-2-2 評価者

性能指標値に照らした測定値による評価は，発注者あるいは道路管理者が行う。

4-2-3 評価結果

一般的に評価結果として発注者が受注者に通知する項目を，以下に列記する。

① 各ブロックの測定値の代表値
② 各ブロックの測定値の工事完成時からの変化
③ 保証区間と適用対象外区間
④ 免責事項の適用の有無
⑤ 保証期間中の措置の有無とその取扱い
⑥ 性能指標値に照らした合否判定

4-2-4 評価単位

評価の単位は，長期保証制度の適用の事例や管轄する路線の維持管理の実績から得られた知見をもとに，当該路線の特性等に鑑みて発注者が契約条項として設定する。一般的に，わだち掘れ量とひび割れ率は 20m 間隔，平たん性と浸透水量は 100m 間隔を基準として分割し，さらに 1 車線毎に分割したブロックとする場合が多い。**図-4.2.2** に，わだち掘れ量とひび割れ率の評価単位のブロック（以下，ブロックという）の割り付けの例を示す。

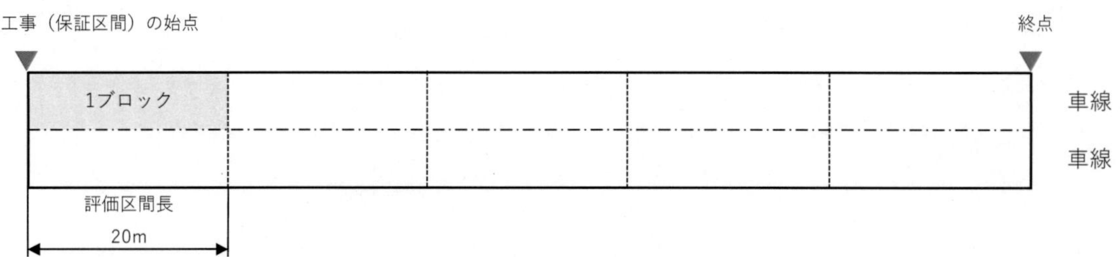

図-4.2.2　わだち掘れ量とひび割れ率のブロックの割り付け（例）

4-2-5　評価方法

評価は前項に記述した通り，対象とする性能指標別にブロック毎に行う。

（1）わだち掘れ量

わだち掘れ量は，各ブロックを代表する測定値を契約条項で設定された性能指標値に照らして評価する。

評価の単位を 20m とする場合の例を**図-4.2.3** に示す。この場合，20m 間隔の工事測点と車線で分割したブロック毎に，その延長方向の中央（工事測点＋10m）の測定値の最大値（IWP，OWP の大きい方）の小数第一位を四捨五入した整数値が性能指標値を満足するか否かで評価する場合が多い。

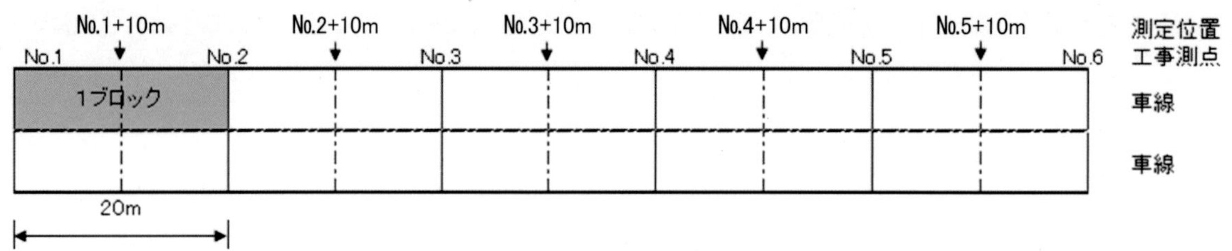

図-4.2.3　評価単位区間（例）

（2）ひび割れ率

ひび割れ率は，各ブロックを代表する測定値を契約条項で設定された性能指標値に照らして評価する。評価単位区間を 20m とする場合，20m 間隔の工事測点と車線で分割したブロック毎にひび割れ率を算出し，小数点第一位を四捨五入した整数値が性能指標値を満足するか否かで評価する場合が多い。

（3）平たん性

平たん性は，各ブロックを代表する測定値を契約条項で設定された性能指標値に照らして評価する。一般的には対象区間を 100m 間隔（20m 間隔の工事測点×5）と車線で分割し，車線中央から 1m 外側の測定値の小数点第二位を四捨五入した小数第一位までの値が性能指標値を満足するか否かで評価する場合が多い。

（4）浸透水量

浸透水量は，各ブロックを代表する測定値を契約条項で設定された性能指標値に照らして評価する。一般的には100m間隔（20m間隔の工事測点×5）と車線で分割したブロック毎に，3点の測定値の平均値の小数点第一位を四捨五入した整数値が性能指標値を満足するか否かで評価する場合が多い。

4-3 記録

工事契約から引き渡しまでの受注者・発注者の協議内容，設計図書類，契約条項に示された性能指標値に関わる各時点の測定値は，少なくとも保証期間満了時の評価が確定し，受注者の履行が終了するまで保存する必要がある。また工事が完了し，引き渡し後の保証期間内に道路管理者により実施された点検・措置は，保証期間満了時の評価における免責事項の適否を決める根拠になる可能性があることから，道路管理者は点検・措置の記録を保存する必要があるとともに，受注者が記録を照会可能な状態にするとよい。

①測定結果は，測定時の状況等のメモを含めて実施後速やかに記録する。

表-4.3.1　測定結果の記録例

調査・工事名　＿＿＿＿＿＿＿＿　　測定年月日　＿＿＿＿＿＿＿＿
測定開始点　KP 0.000　　天気・温度　＿＿＿＿＿＿＿＿
測定終了点　KP 8.000　　測定方法　路面性状測定車
測定距離　8,000m　　測定者　＿＿＿＿＿＿＿＿

路線	上下	自		至		区間長	自	至	路面種別	ひび割れ			わだち掘れ	平たん性	IRI	MCI式No.	MCI	備考
		KP	距離（m）	KP	距離（m）	（m）	距離（m）	距離（m）		クラック（%,度）	パッチング（%,度）	計（%,度）	（mm）	凹凸量（mm）	（mm/m）			
1-1	上	0	0	0	20	20	0	20	As	14.8	0.0	14.8	6	2.80	3.96	3	5.0	
1-1	上	0	20	0	40	20	20	40	As	20.0	0.0	20.0	4	2.31	3.31	3	4.5	
1-1	上	0	40	0	60	20	40	60	As	13.5	2.8	16.2	3	4.11	5.71	3	4.9	
1-1	上	0	60	0	80	20	60	80	As	79.2	0.0	79.2	23	1.72	2.53	1	1.4	
1-1	上	0	80	0	100	20	80	100	As	74.0	18.7	92.7	25	2.91	4.11	1	0.9	

②契約条項で性能指標値が示されている事項に関する測定値は，測定後すみやかにブロック毎に整理して電子データ等で記録する。また，交通事故の発生や大雨による冠水等の事象など，保証期間満了時の評価に必要とされた場合に容易に入手できない情報については，道路管理者等が他の管理データと同様に適切な方法で記録する。

<参考文献>

1）「道路舗装の長期保証」初期値測定の手引き（素案），東北技術事務所，平成28年6月

2）倉持智明，安藤和彦：路面性状自動測定装置の性能確認試験，舗装，Vol.48，No.8，2013.8

第５章　契約および施工時の対応

長期保証を規定した工事の契約および施工にあたって，性能指標値とこれを満足できなかった場合の対応を制度の趣旨に照らして正しく認識することが重要となる。契約条項に定められた性能指標値は，これを満足しなくてもその状態が供用に耐えざる状況で直ちに修繕が必要な状況になるような閾値で設定しておらず，達成されなかった場合であっても契約図書に定めた措置等を実施することで契約不履行とはならない。性能指標値とこれを満足しなかった場合の措置の前提となっている事項等を発注者と受注者がともによく確認するものとする。工事公告から引き渡しまで行う確認や協議等の対応の例を**表-5.1.1**に示す。

本章では，長期保証制度の適用における留意事項や，一般的な運用状況について示す。

表-5.1.1　　工事公告から工事引き渡しまでの対応（例）

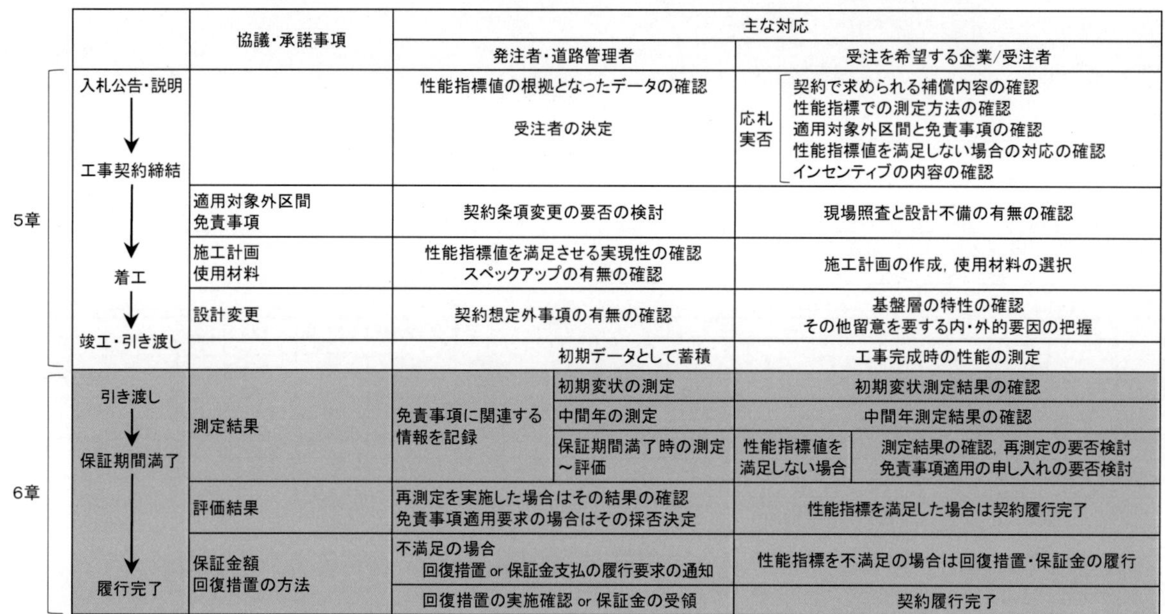

章	段階	協議・承諾事項	主な対応 発注者・道路管理者		主な対応 受注を希望する企業/受注者	
5章	入札公告・説明 ↓ 工事契約締結		性能指標値の根拠となったデータの確認 受注者の決定		応札 実否	契約で求められる補償内容の確認 性能指標での測定方法の確認 適用対象外区間と免責事項の確認 性能指標値を満足しない場合の対応の確認 インセンティブの内容の確認
	↓	適用対象外区間 免責事項	契約条項変更の要否の検討		現場照査と設計不備の有無の確認	
	着工	施工計画 使用材料	性能指標値を満足させる実現性の確認 スペックアップの有無の確認		施工計画の作成，使用材料の選択	
	↓ 竣工・引き渡し	設計変更	契約想定外事項の有無の確認		基盤層の特性の確認 その他留意を要する内・外的要因の把握	
			初期データとして蓄積		工事完成時の性能の測定	
6章	引き渡し ↓ 保証期間満了	測定結果	免責事項に関連する情報を記録	初期変状の測定	初期変状測定結果の確認	
				中間年の測定	中間年測定結果の確認	
				保証期間満了時の測定 ～評価	性能指標値を 満足しない場合	測定結果の確認，再測定の要否検討 免責事項適用の申し入れの要否検討
	↓	評価結果	再測定を実施した場合はその結果の確認 免責事項適用要求の場合はその採否決定		性能指標を満足した場合は契約履行完了	
	履行完了	保証金額 回復措置の方法	不満足の場合 回復措置 or 保証金支払の履行要求の通知		性能指標を不満足の場合は回復措置・保証金の履行	
			回復措置の実施確認 or 保証金の受領		契約履行完了	

5-1　契約時の配慮事項

長期保証を規定した工事の契約にあたっては，工事あるいは保証期間中に起こるあらゆる事象を含んだ合意がなされていることを基本とするが，その想定に必要な工事対象箇所の特性の詳細を設計時に全て把握することは極めて困難である。また，対価を伴わないスペックアップを前提とした契約にならないよう配慮が必要である。そこで，発注者と受注者はともに長期保証を規定する趣旨をよく理解し，工事，保証期間を通して契約上の疑義が生じないよう，設計図書の内容およびその前提となった資料等を確認し，契約後ただちに現場照査を実施して路床支持力や交通量等の設計条件と保証内容（性能指標値）とその根拠から，保証区間の詳細，免責事項，具体的な保証期間の開始日と満了日，保証期間内の連絡事項と体制等について合意するとともに，測定方法，評価方法の詳細についても協議しておくものとする。

5-1-1　保証内容等

長期保証制度における保証内容は，設計図書に明記された性能指標項目による測定値が保証期間満了時において性能指標値を満足することにある。そこで契約にあたっては，設計図書に示された保証期間，保証内容，保証区間，測定・評価方法に不明瞭な点がないよう，発注者・受注希望者間で確認しておくものとする。

本制度で保証を求める内容は，性能指標値，保証期間，保証区間，免責事項等の事項として設計図書に示される。受注希望者はこれを確認し，自らの技術や使用材料に照らして十分これを満足できる根拠を有したうえで入札に参加する必要がある。発注者は受注希望者の技術力の適格性を過去の実績，評点，技術者の有無等で判断するとともに，受注希望者が対価を伴わない形でダンピングに結び付くスペックアップを前提としないよう留意する。

性能指標値は原則として「**3-1　性能指標値等の設定**」に則って過去の測定値のデータを用いて作成した回帰線等から導き設定されている。発注者は，使用した過去の測定値のデータの内容から性能指標値の前提となる条件を把握し，受注希望者からこれに合致しない事実等について指摘があり，発注者が必要と判断した場合は，対象区間の変更や免責事項の設定等で対処できるようにする。

総合評価落札方式による場合，受注希望者は根拠もなく意図的に高い性能指標値を提案し，満足できなければ措置で対応するといったことは厳に慎むべきものである。また発注者は趣旨にそぐわないスペックアップとならないか受注希望者の提案内容を十分に吟味することが求められる。

5-1-2　適用対象外とすべき区間，免責事項

長期保証制度を適用する工事における契約条項は，長期保証を求める保証区間と，長期保証を求めない適用外区間が示されている。同様に受注者の責に帰さない天災等の外的要因によって性能指標値を満足できなくなったと判断する免責事項も示されている。しかし，設計時において現場条件を完全に把握することは困難であることから，３章で示した方法で性能指標値等を設定し契約条項として示された事項であっても契約後に現場踏査等を実施して見直すとよい。

（1）保証区間および適用対象外区間

受注者は契約後速やかに現場条件の照査を行い，発注者と協議の上，保証区間を確定する。例えば交差点，橋梁，トンネル等十分な劣化データが蓄積されていない等の理由により適用対象外とすべき区間があればその起終点を明確にしておく。

（2）免責事項

受注者は契約後速やかに対象路線の特性（立地条件，供用条件等）の照査を行い，必要に応じて免責事項の追加等を発注者と協議する。

発注者は工事引き渡し時までに，保証期間満了後に指標値の合否を判定するにあたり必要となる保証期間内の免責事項に係る情報の収集，確認，記録方法を受注者に通知する。

5-1-3　施工後の対応

（1）保証期間中における措置

性能指標値は一般には十分供用可能な状態となる閾値で設定されており，保証期間中にこれ

を満足しないと判断される場合においても，満足させるための措置の実施等は,契約に明記されている場合を除き考慮する必要はない。なお，受注者が措置の実施を希望した場合，措置の実施に伴う交通渋滞などの社会的影響や資源，エネルギーの浪費，環境負荷などの観点を勘案しつつ，単に指標値の達成の目的ではなくLCC上有利かどうかを判断して，発注者または道路管理者はその可否を判断する必要がある。

（2）保証期間満了時における回復措置

発注者は，保証期間満了時に指標値を満足しなかった場合に想定している回復措置の方法と効果の検証方法,あるいはそれに代わる保証金の算出方法の詳細を入札公告で説明するとよい。

5-2　施工時の配慮事項

アスファルト舗装を施工する際は，「舗装設計施工指針」および「舗装施工便覧」等に記載されている施工計画，使用材料，構築路床および路盤の施工，アスファルト表・基層の施工などを参考に，基本に忠実な施工を行うことが大切である。

舗装技術は経験の積み重ねによるところが多く，これまでに培われた現場での知見が集約された様々な技術図書が発刊されている（日本道路協会発刊の図書のほか，例えば「最新・アスファルト舗装技術」[1)]，「舗装機械の使い方」[2)] など）。これらの図書には，使用する材料の特徴や，施工機械の特性および事前調整・操作，施工時の留意点，施工時に発生しやすい不具合事例の原因と対策等が示されているので参考にするとよい。

このほか，アスファルト舗装の構造的損傷を防ぐために着目すべきポイントを整理した技術図書[3)] もあり，舗装性能を長期にわたり確保する上で参考になる。代表例は次のとおりである。

① アスファルト混合物を均一に締め固める（混合物の温度低下対策，施工機械の工夫など）。
② 既設舗装等との施工継目からの雨水浸透を防ぐ。
③ アスファルト混合物の層と層を一体化させる（層間接着力の確保）。
④ アスファルト混合物の最下層についても，剥離やひび割れ発生を抑制するよう留意する。
⑤ 路盤や路床が永久変形しないように，十分に締め固める等支持力を確保する。

5-2-1　施工計画

舗装の施工は，発注者が提示した設計図書等に基づき，構造設計，材料の選定，配合設計等で意図した舗装を所定の工期内に，安全かつ経済的に施工しなければならない。そのため，受注者はまず施工計画を作成し，これに基づいて施工体制を整え，資機材を調達し，環境保全や交通安全等に配慮して適切な施工を行う必要がある。

そこで「舗装設計施工指針」および「舗装施工便覧」に記載される一般的な施工計画立案を基本としつつ，**表-5.2.1**のように，路面に見られるアスファルト舗装の損傷を回避するために原因を排除する方策を施工計画時に考慮しておくことが望ましい。

表-5.2.1　路面に見られるアスファルト舗装の破損[4)]

破損の種類			主な原因等	原因と考えられる層	
				表層	基層以下
ひび割れ		亀甲状ひび割れ（主に走行軌跡部）	舗装厚さ不足，路床・路盤の支持力低下・沈下，計画以上の交通量履歴	○	○
		亀甲状ひび割れ（走行軌跡部～舗装面全体）	混合物の劣化・老化	○	○
		線状ひび割れ（走行軌跡部縦方向）	わだち割れ	◎	○
		線状ひび割れ（横方向）	温度応力	○	○
		線状ひび割れ（ジョイント部）	転圧不良，接着不良	◎	○
		リフレクションクラック	コンクリート版の目地，セメント安定処理のひび割れ，基層以下の層のひび割れ		◎
		ヘアークラック	混合物の品質不良，転圧温度不適	◎	
		構造物周辺のひび割れ	地盤の不等沈下		◎
		橋面舗装のひび割れ	床版のたわみ・損傷，基層のはく離	○	◎
わだち掘れ		わだち掘れ（沈下）	路床・路盤の沈下		◎
		わだち掘れ（塑性変形）	混合物の品質不良	◎	○
		わだち掘れ（摩耗）	タイヤチェーンの走行	◎	
平たん性の低下	平たん性	縦断方向の凹凸	混合物の品質不良，路床路盤の支持力の不均一	◎	○
		コルゲーション，くぼみ，より	混合物の品質不良，層間接着不良	◎	
	段差	構造物周辺の段差	転圧不足，地盤の不等沈下		◎
浸透水量の低下		滞水，水はね	空隙づまり，空隙つぶれ	◎	
すべり抵抗値の低下		ポリッシング	混合物の品質不良（特に骨材）	◎	
		ブリージング（フラッシュ）	混合物の品質不良（特にアスファルト）	◎	
騒音値の増加		騒音の増加	路面の荒れ，空隙づまり，空隙つぶれ	◎	
ポットホール		混合物の剥奪飛散	混合物の品質不良，転圧不足，ひび割れの進展	○	○
その他		噴泥	ポンピング作用による路盤の浸食		◎

〔注〕◎：原因として特に可能性の大きいもの　　○：原因として可能性のあるもの

5-2-2 アスファルト舗装の種類と材料の選定

設計図書に示された品質基準を満足することを事前に確認した材料を使用して，品質の確保を確実なものとする。

アスファルト舗装の種類や使用材料は，「舗装設計施工指針」に示されるように，目標とする路面の性能，地域性，施工性，経済性，安全性，環境保全等を勘案して最適なものを選定する。構築路床や下層路盤，上層路盤に使用する材料については，「舗装設計施工指針」および「舗装施工便覧」に品質規格等や留意点が示されており，参考にするとよい。アスファルト混合物についても同様に，配合設計を行う上での留意点や耐流動性，耐摩耗性，耐剥離性に対する特別な対策が例示されており，参考にするとよい。

なお，長期保証の性能指標値を満足させることを目的に，対価を伴わずに高性能で高価な材料を用いることについては，**「2-3 長期保証制度の効果」**で述べたように長期保証の本来の趣旨から外れるものである。現場照査の結果から設計と現場条件に明らかな不一致が見出された等，その採用が必須と判断される場合には，契約金の変更を含めた設計変更の検討が必要である。

5-2-3 施工

アスファルト舗装の施工を行うに当たっては，事前に設定した品質を実際の現場で再現できるとともに，面的に材料を敷き広げて仕上げていく舗装としての特徴から，早期に損傷を発生させないことを意図する場合には面的な品質の均質性（例えば，使用材料の粒度，施工時の温度，仕上がった舗装の締固め度など，品質の変動やバラツキを可能な限り抑えること）を追求し，材料や施工機械の選定，施工機械の事前調整および操作，施工時の工夫など，基本に忠実な施工を行うことが大切である。

施工時の留意点については，現場ごとの施工条件等によって異なってくるため，個別に検討して設定することになる。共通する事項の例としては，主に次のようなものが挙げられる。

①設計 CBR を満足する良質な土質材料，ならびに下層路盤から表層まで所定の材料を用いて，締固め度や平たん性など品質や出来形に注意して入念に施工する。
②アスファルト混合物の温度管理には細心の注意を払い，特に運搬時にはダンプトラック荷台の混合物をシート類で確実に覆うなど温度低下を防ぐ。
③施工機械の事前準備を適切に行う（例：スクリードなど各部の調整）。
④アスファルト混合物の施工時の温度低下を考慮して，所定の温度条件下で，適切かつ迅速な施工を行う。
⑤敷きならしに当たっては，材料分離に注意する。
⑥所定の締固め度が得られるように，適切なアスファルトフィニッシャ（スクリードの自重およびタンパの種類によって締固め能力が異なる）およびローラを用いて締め固める。特に，表層の締固め度はわだち掘れ量に影響する。
⑦縦横断形状を正しく仕上げる。

また，アスファルト混合物の施工に着目して，製造運搬時および施工時における上記以外の留意点の例を示すと，次のようなものが挙げられる。

①アスファルト混合物の製造，運搬

・アスファルト混合物が安定して供給がされるように，事前にアスファルトプラントと出荷計画などについて，十分に打合せを行う。施工時も密に連絡を取り合い，供給を安定させる。

②アスファルト混合物の施工

・施工機械の編成を，過去の実績を踏まえて設定する。
・可能な限り連続施工となるように，運搬に要する時間を把握して，施工時のタイムテーブルなど施工計画に反映させる。
・アスファルト混合物の供給が途切れないように，またダンプトラックの荷下ろしまでの待機時間が長くならないように，現場とプラント間の連絡を密に行う。
・現場でのダンプトラックの待機方法にも注意を払い，スムーズな入れ替えにより混合物の連続供給を図る。これにより，所定の温度条件で施工するのは勿論，アスファルトフィニッシャで敷きならされる混合物の温度の変動を抑えるとともに，アスファルトフィニッシャが小刻みに停止することなく可能な限り連続して施工し続けることで，スクリードの上下の変動を抑えることができる。
・転圧についても，アスファルトフィニッシャと同様に極力小刻みに停止しないように，所定の温度条件を保持しつつ，転圧スパン（ローラ前後進の距離）を可能な限り長めに設け，かつ，前後進の切り替えをスムーズに行って舗装面の仕上がりに小波を生じにくくする。

「舗装機械の使い方」[2)] では，敷きならした混合物に不具合が発生した場合の原因について，**表-5.2.2** のように整理している。通常見落としやすい点も含まれており，不具合が起こりやすい原因を意識してこれを回避することで，より高品質な舗装を構築することが可能になるので，参考にするとよい。

表-5.2.2　敷きならした混合物の不具合と原因 [2)]

分類	原因	トラブル（欠陥）													
		① 波状の仕上げ面（サーフェースウエーブ） 大波	① 小波	② 連続する小さなクラック（テアリング）	③ 不均一なきめ	④ 表面の刻み目（スクリードマーク）	⑤ スクリードの反応性不良	⑥ スクリードの締固め能力不足	⑦ 仕上げ面に発生する陰（サーフェースシャドウ）	⑧ ジョイントの欠陥	⑨ 転圧中に発生する小さなクラック（チェッキング）	⑩ 転圧中に発生する混合物の動き（シャービング）	⑪ アスファルトの滲出（ブリーディング）	⑫ ローラマーク	⑬ 骨材の分離
路盤・下層	(1) たわみ　過大（ローラ転圧時）			×							×	×		×	
	(2) 凹凸														
	小波		×												
	大波	×													
	(3) 表面　緩み，汚れ（混合物の接着不十分）			×							×	×		×	
	(4) タックコート　過多，不足			×							×	×	×		
	(5) クラックシール　シール材過多												×		
混合物	(1) 配合設計　不適当，作業性低下（作業性を考慮して再設計）		×	×	×			×			×	×	×	×	×
	(2) 軟質の混合物（スクリード，ローラを支えるための安定性不足）														
	アスファルト，含有水分多			×		×					×	×	×	×	
	砂，細粒分多		×			×					×	×		×	
	ダスト多										×				
	(3) 骨材　粒径，形，粒度分布不適当							×			×				×
	(4) 細大粒径														
	過大（敷きならし厚さの 1/2 が標準）			×	×		×	×							×
	過少（安定性不足）		×								×				
	(5) 敷きならし温度														
	低温		×							×	×				
	高温		×								×	×			
	(6) 性状（粒度，アスファルト量，水分量，温度）不適当，変動多	×	×	×	×		×				×	×	×	×	
	(7) 骨材の分離（運搬，敷きならし時発生多）	×	×		×			×	×						
アスファルトフィニッシャ	(1) レベリングアーム，シックスネスコントロール														
	不良（スクリードの混合物に対する角度が敷きならし中に増減）	×	×				×			×					
	(2) スプレイディングスクリュウのリバースパドル（返し羽根）不良，摩耗多			×	×										×
	(3) ホッパゲートの高さ														
	セット不適当（スクリードの前の混合物のヘッドが増減）		×	×	×										×
	(4) スクリード														
	スクリードのゆがみ，反り，摩耗，組み立て不良，スクリード全体の混合物に対する角度不同	×	×	×	×		×	×		×					
	スクリードプレート取付け不良，中央の段差，			×	×	×		×							
	リードクラウン（前）の調整不良 スクリードの混合物に対する角度不同 マットの中央のテアリング（幅 300～600mm），リードクラウン小 マットの外側のテアリング（幅 300～600mm），リードクラウン大			×	×				×						
	(5) エクステンションスクリード														
	取付け不良，メインスクリードとエクステンションスクリードの混合物に対する角度不同			×	×	×	×			×					
	メインスクリードプレートとの上下の段差					×									
	(6) 伸縮リード														
	調整不良，メインスクリードと伸縮スクリードの混合物に対する角度不同			×				×		×					
	メインスクリードとの上下の段差					×		×							
	(7) スクリードとトラクタの間隔														
	過大（スクリード前の混合物ヘッドの増減多）	×	×						×						×
	(8) スクリード自動調整装置	×	×				×								
	調整の基準が不適当														
	コントローラの感度調整不良														
	〃　　取付け不良	×	×				×			×					
	可動式基準線の使い方不適当	×	×							×					
	ジョイントマッチングシュウの使い方不適当	×	×							×					
	グレードコントローラの取付け位置不良（レベリングアームの先端から 1/3～2/3 の距離）	×	×				×								
	(9) ストライクオフ　高さのセット不適当			×	×			×							
	(10) スクリードのバイブレータ　低速回転，振動不適当				×			×							

敷きならし作業	(1) 敷きならし速度　過大（混合物の種類によって異なり最大 15m/min）	×		×	×		×	×							
	(2) 敷きならし厚さ（標準，混合物の最大粒径の２倍） 過少						×	×				×			
	過大			×	×										
	(3) ホッパ混合物供給 運搬車の衝突，ブレーキ保持 ホッパ内混合物レベルの低下 ウイング操作過多		×	×		×									×
	ホッパ内混合物の増減多	×	×		×	×									×
	ダンプトラックからの供給方法不適当					×									×
	(4) スクリードの前の混合物 スクリードの前の混合物ヘッドの増減 スクリュウのスタート・ストップ繰返し	×	×		×				×	×					
	(5) スクリードの操作 シックネスコントロールの操作（調整）過多	×	×												
	スクリード昇降油圧シリンダ固定（レベリングアームの動き不良）	×	×	×		×	×			×					
	スクリードの加熱不足（スクリードプレートの温度低下）			×	×										
	スクリードの反応性不良（砕石，既設のマット，縁石等に乗上げ）	×	×				×	×							
	(6) ジョイント 横ジョイント，敷きならし厚さ不適当（転圧減〔余盛り〕過多，不足）	×	×							×					
	縦ジョイント，オーバーラップ不足 （ジョイントの混合物が不足〔転圧不十分〕） （既設マットとのオーバーラップは 25～40mm）									×					
転圧作業	(1) 運転操作 折返し点で急なストップ・スタート	×	×							×	×	×		×	
	高温のマットの上で急な旋回，停止		×									×		×	
	振動ローラの使い方不良 振動数，不足 振動，調整不足 転圧速度，高速	×	×								×	×		×	
	(2) 転圧回転　過多（輪荷重，接地圧過大）										×	×		×	
	(3) その他 転圧パターン不適当 転圧時期，転圧範囲不適当 機種の選定不適当										×	×		×	

5-3　性能指標値を満足しない場合を想定した対応

保証期間満了時の測定値が性能指標値を満足しない場合は，その原因の究明に努めるとともに，保証金の支払いや回復措置の実施により契約を履行する。しかし，その原因が免責事項に該当する事象の影響によると判明した場合には，保証金の支払いや回復措置の実施は免除となる。一方，保証期間満了時の測定値に，影響を与えた可能性が疑われる外的な事象があっても，当該事象が契約条項に示された免責事項に該当しなければ，原則として保証金の支払いや回復措置の実施が必要となる。言いかえれば，免責事項に該当しない場合に契約不履行を回避する方法として保証金の支払いや回復措置がある。

発注者と受注者は，契約条項に示された免責事項とその適否の確認方法を，保証期間満了時の測定値が性能指標値を満足しない場合に生じる保証金の算出方法や回復措置の詳細とともに，あらかじめ十分理解し，疑義が生じないように合意がなされていることが必要である。

5-3-1　免責事項の確認

性能指標値を満足しない場合の処理の流れの例を**図-5.3.1**に示す。

契約条項では免責事項が示されており，発注者は保証期間中にこれに該当する事象の発生の有無について判断できるよう，関連情報の収集手段を予め検討しておくとよい。

図-5.3.2は，平成29年度までに発注されている長期保証工事において適用された免責事項を整理したものである。盛土の沈下，橋梁部の2項目が免責事項，免責を適用する区間としたものが多く，次いでトンネル部となっている。なお，これらの事例の多くは工事期間中に免責を適用する区間として合意したものであり，実際に性能指標値を満足できなかったことが確認されているものではない。長期保証制度の円滑な運用においては供用開始前の合意が望ましい一方で，長期の性能に関する知見を蓄積するためにはこれらの区間においても測定値の変化が記録されるようにしておくとよい。

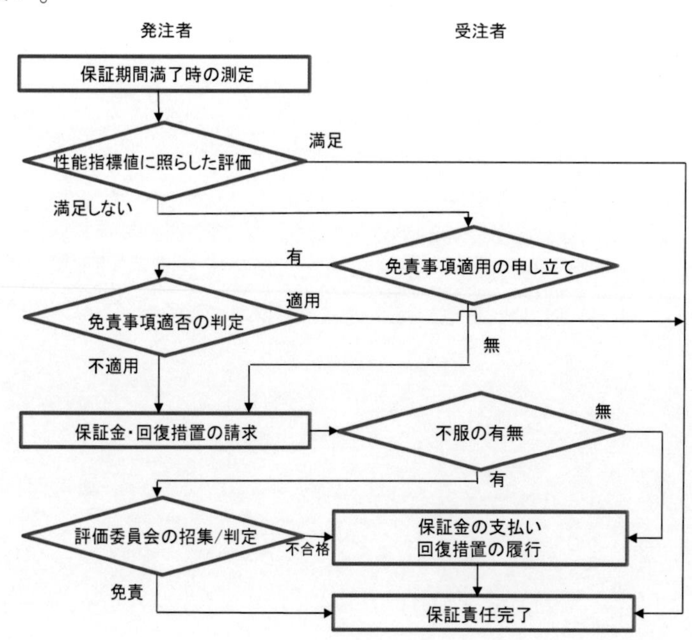

図-5.3.1　性能指標値を満足しない場合の処理

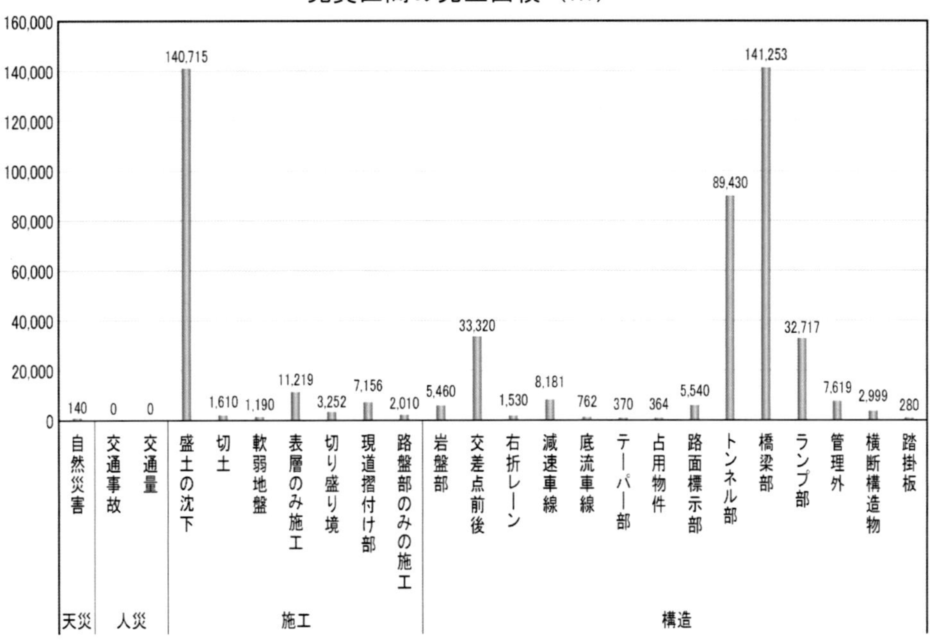

図-5.3.2　平成29年度までの長期保証工事で発生した免責区間

5-3-2　保証金・回復措置の規定

性能指標値を満足しなかった場合には，契約条項に則った保証金の支払いや回復措置を実施することで契約不履行とはならない。受注者は予めその内容を十分理解しておく必要がある。

（1）保証金

保証金は，長期保証制度の適用に際して発注機関の判断により設定される。例えば，国土交通省の地方整備局等において保証金を実施する値をわだち掘れ量が設定した性能指標値を超え30mm未満の場合，またはひび割れ率が設定した性能指標値を超え30%未満の場合として運用している事例がある。この場合，以下の考え方で保証金を算定している。

【保証金の算定式】

わだち掘れ量とひび割れ率の測定値がいずれも性能指標値を満足できなかった場合は，各々算出した保証金の大きい方を採用する。

$$C = \Sigma \frac{T_i - T_S}{T_X - T_S} \times Pu \times A_i$$

・C　：保証金（円）
・T_i ：測点ｉにおける保証期間終了時のわだち掘れ量（mm）あるいはひび割れ率（%）
・T_S ：保証期間終了時のわだち掘れ量（mm）あるいはひび割れ率（%）の性能指標値
・T_X ：回復措置の値（わだち掘れ量30mm又はひび割れ率30%）
・Pu ：回復措置の単価（円）間接費含む
・A_i ：該当面積（m^2）
　　保証期間終了時のわだち掘れ量が性能指標値を超え30mm未満
　　または ひび割れ率が性能指標値を超え30%未満の評価となった区間の面積

【保証金の計算例】

例えば，保証期間終了時のわだち掘れ量の性能指標値が 13mm の工事で，１ブロック（20m×3.5m=70ｍ^2）のみわだち掘れ量が 23mm となりこれを満足しないと評価，30 mmに達していないので保証金（C）を履行する場合の金額は，回復措置となる切削オーバーレイの単価が，例えば，4,000 円/ｍ^2 の場合は下記のように算出される。

$$C = \frac{23\text{mm}-13\text{mm}}{30\text{mm}-13\text{mm}} \times 4{,}000\text{円}/\text{m}^2 \times 70\text{m}^2 = 164{,}705\text{円}$$

（２）回復措置

回復措置は，長期保証制度の適用に際して，発注者の判断により設定される。例えば，国土交通省の地方整備局等において，回復措置の実施をわだち掘れ量が 30mm 以上の場合，または，ひび割れ率が 30%以上の場合として運用している事例がある。回復措置の方法は，受注者が発注者に提示し，発注者は条件に照らして決定するものとし，最終的に発注者と受注者の打ち合わせにより決定するものとする。また，回復措置は前述保証金と同様のブロック単位で実施され，その方法は受注者の提案を参考に発注者あるいは道路管理者が決定するのが一般的である。

5-3-3　契約不適合との違い

表-5.3.1 に示すように，一般的に公共工事の場合は，契約不適合に係る責任期間２年（故意・重大な過失があった場合には 10 年）が定められている。この期間に通常の供用に耐えられないような事象が発生し，受注者に過失が確認されれば，「契約不適合」として損害賠償，指名停止，工事成績の減点等のペナルティが適用される。

これに対して，長期保証制度においては性能指標値を満足しない場合であっても，通常の供用には支障がなく，契約不適合までには至らないと想定しており，その場合に受注者へ課せられる保証金の支払いや回復措置の実施は，契約条項を満足しなかったことによる契約不適合を回避するものであってペナルティといった意味合いのものではない。

表-5.3.1　契約不適合との違い

	期　間	通常使用の可否	過失の有無	措　置
性能指標値を満足しない	5 年	通常の使用は可能	材料・施工に過失が無い	保証金または回復措置
契約不適合	一般的な請求期間：2 年 故意または重大な過失による場合：10 年	通常の使用に耐えられない	材料・施工に過失がある	損害賠償 指名停止 工事成績の減点

5-4　インセンティブ

長期保証制度を適用した工事にインセンティブを設定する試行がなされている。当該試行においては，発注者はその趣旨を明確にした契約条項を作成，受注者はその契約条項から趣旨をよく理解し，適切な対応をとることが求められる。

5-4-1　インセンティブとは

長期保証制度におけるインセンティブは，受注者のより積極的な取り組みを引き出すための契約手法の一つであり，優良な性能を確保した受注者に対して長期保証制度を適用した工事に参加するメリットを付すものである。受注者が長期保証することにより負うリスクに相応するインセンティブを設定することで，受注者の負荷とメリットのバランスに配慮できる。インセンティブの設定による効果で市場性が確保され，結果的に長期保証制度のブラッシュアップに結び付くことが期待される。

インセンティブの具体的な方法として，例えば保証期間満了時の性能指標値を満足し履行が完了した工事のうち，特に優良な性能が確保された工事の受注者およびその監理技術者に，新たな工事の入札時に加味される評価点を加点することが考えられる。

長期保証制度にインセンティブを設定する際の確保された性能の領域のイメージを**図-5.4.1**に示す。性能指標値を満足することで早期劣化しない標準的な性能が確保される領域の（図中の（B））内に，長寿命化に結び付く高い性能の領域（図中の（A））がある。この領域の性能の舗装を提供した受注者に対し評価点の加点等のメリットを付与しようとするものである。

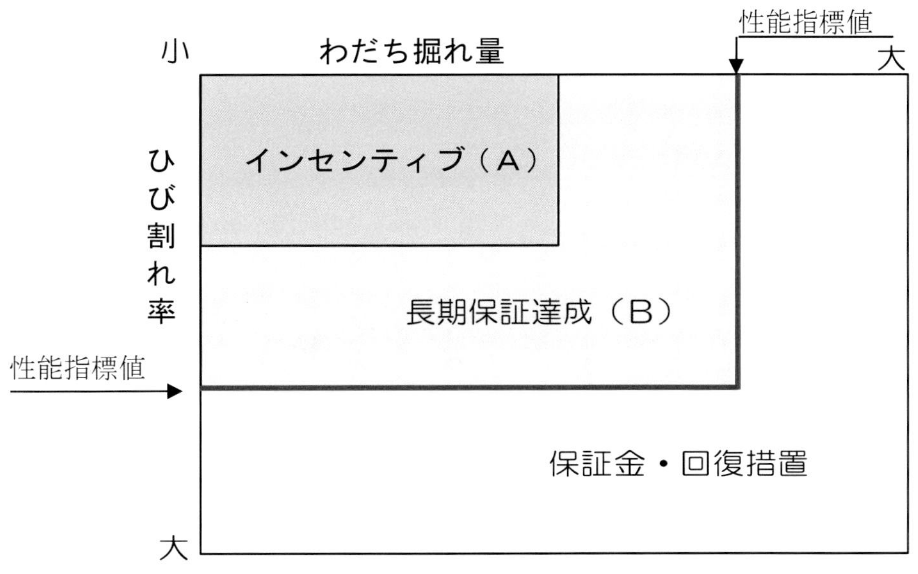

図-5.4.1　インセンティブを設定する性能の領域の例

5-4-2　インセンティブの設定例

以下，国土交通省の事例から，インセンティブの付与範囲，加点内容，特記仕様書記載事項の例を紹介する。

（１）付与範囲の例

インセンティブを付与する範囲の設定方法の例を示す。

1)保証期間満了時の上位約３割

保証期間満了時の測定値の実績データを正規分布で捉えて，上位約３割となる領域にインセンティブを付与する。**図-5.4.2** と**図-5.4.3** は，供用開始 5 年後のひびわれ率の上位約 3 割の領域が 3%以下，同様にわだち掘れが 7mm 以下となる例である。ここから保証期間を 5 年間とした場合のひび割れ率が 3%以下，かつ，わだち掘れ量が 7mm 以下を付与範囲と設定する。

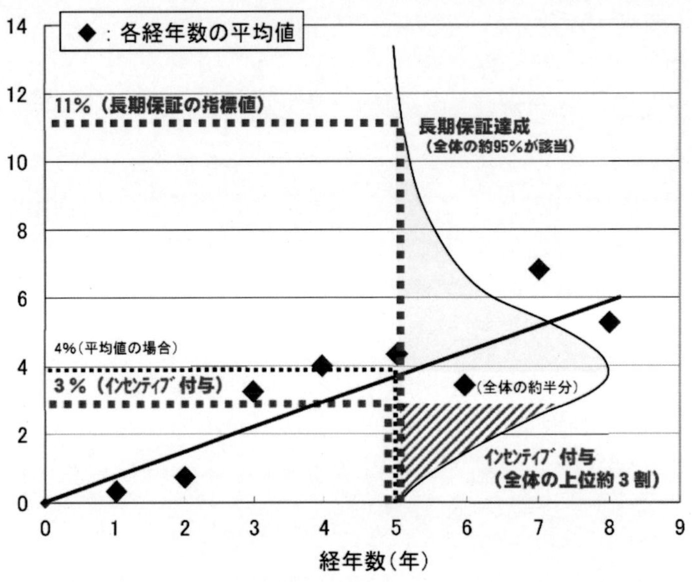

図-5.4.2　付与範囲の考え方の例（ひび割れ率）

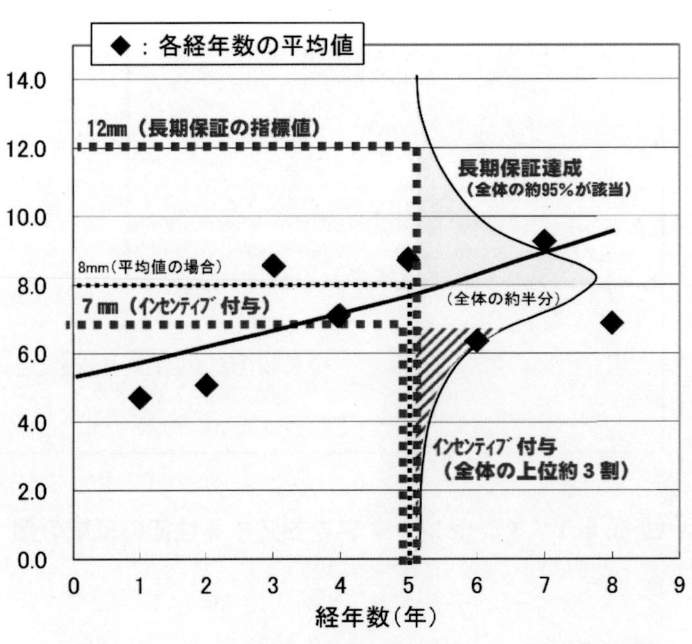

図-5.4.3 付与範囲の考え方の例（わだち掘れ量）

2)修繕までの供用年数が平均越え

新設舗装工事における修繕（オーバーレイ）に至るまでの供用年数の実績データの平均を超える領域にインセンティブを付与する。**図-5.4.4** は平均が約 10 年となる例である。ここから平均を超えて修繕を行っていない工事箇所約 35% を長寿命・高品質な舗装と捉えて，**図-5.4.5** に示すように保証期間満了時の測定値上位 35% の領域となるわだち掘れ量 10mm 以下かつ，ひび割れ率 10%以下をインセンティブの付与範囲と設定する。

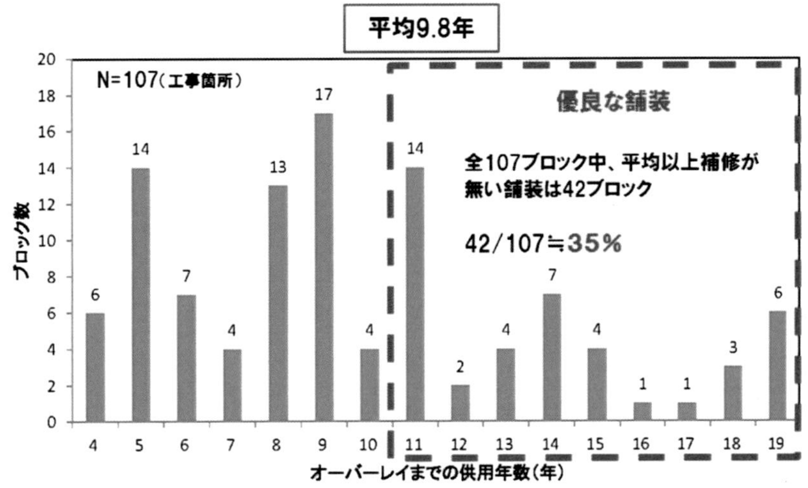

図-5.4.4　四国地方整備局管内における舗装実態 [5)]

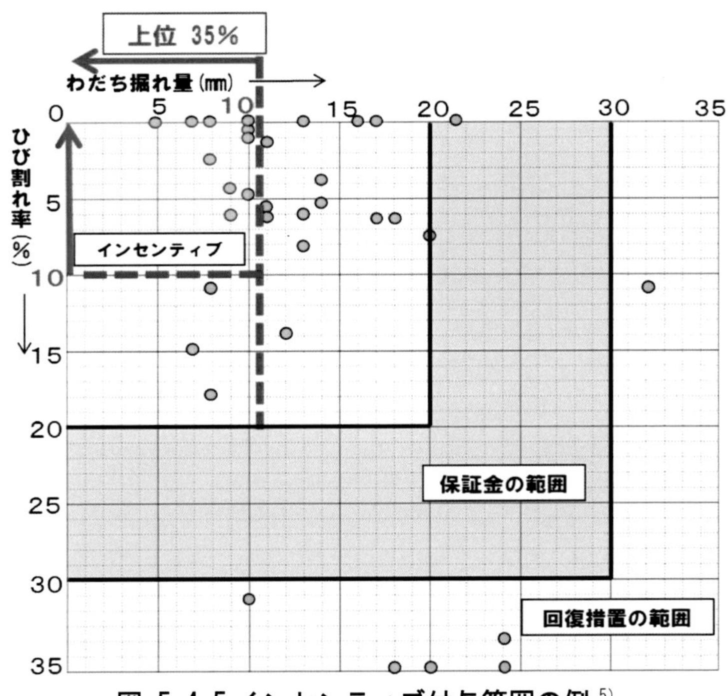

図-5.4.5 インセンティブ付与範囲の例 [5)]

（2）加点内容の例

付与範囲を達成した企業及び技術者の成績評定点に事務所長表彰と同程度の加点を行う。

企業への加点としては，表彰扱いとし直接加点，技術者の加点としては，監理・主任技術者，現場代理人及び別途発注者が認めた技術者 1 名に直接加点する。

企業及び技術者への評価項目の例および加算点の例を**表-5.4.1，表-5.4.2**に示す。

表-5.4.1　評価項目，加算点の例（企業の施工能力）

評価の視点	評価項目	評価内容	加算点 標準(As舗装工事)
企業の 施工能力	同種工事の施工実績	過去15年間の元請として完成した施工実績	・より同種性が高い(S)：4点 ・同種性が高い(A)：2点 ・同種性が認められる(B)：0点
	工事成績	過去4年間の工事成績評定点の平均点	・78点以上：5点 ・76点以上78点未満：4点 ・74点以上76点未満：3点 ・71点以上74点未満：2点 ・68点以上71点未満：1点 ・65点以上68点未満：0点 ・65点未満：-5点
	成績優秀企業 長期保証優良施工工事	過去2年間の成績優秀企業認定実績	・認定有り：1点
		長期保証優良施工工事認定書の実績	・認定書有り：1点
	優良工事表彰	過去2年間の優良工事表彰実績	・局長表彰：2点 ・事務所長表彰：1点
	安全管理優良受注者表彰	過去2年間の優良工事表彰実績	・表彰有り：1点
	ICT施工技術の活用 ※施工者希望Ⅰ型の場合	5つの施工プロセス	・全てのプロセスを実施：2点
	新技術の取り組み	NETIS登録技術の活用	・活用有り：1点
	地域精通度	本店所在地	・○○内に本店有り：1点
	地域貢献度	過去2年間の災害応急復旧、除雪作業、災害応援対応実績	・国土交通省所管：3点 ・県・市町村・高速：2点 ・北陸地整との契約又は協定と活動実績：2点 ・北陸地整との契約又は協定：1点
小計			○○点

表-5.4.2　評価項目，加算点の例（配置予定技術者の施工能力）

評価の視点	評価項目	評価内容	加算点 標準(As舗装工事)
配置予定技術者の施工能力	同種工事の施工経験と立場等	過去15年間の元請として完成した施工経験	・より同種性が高い(S):4点 ・同種性が高い(A):2点 ・同種性が認められる(B):0点
		舗装施工管理技術者資格の有無	・1級資格有り:2点 ・2級資格有り:1点
		施行経験工事における立場	・主任(監理)技術者又は現場代理人:2点 ・担当技術者:0点
	工事成績	過去6年間の元請けの配置技術者として完成した○○工事の工事成績評定点	・80点以上:8点 ・79点以上80点未満:7点 ・78点以上79点未満:6点 ・77点以上78点未満:5点 ・76点以上77点未満:4点 ・74点以上76点未満:3点 ・72点以上74点未満:2点 ・70点以上72点未満:1点 ・70点未満又は成績なし:0点
	優良建設技術者表彰 長期保証優良施工工事従事者	過去4年間の表彰実績(優良工事は過去2年間)	・局長表彰有り:3点 ・事務所長表彰有り:1点
		長期保証優良施工工事認定書の実績	・認定書有り:1点
	継続教育(CPD及びCPDS)の取り組み	・過去1年の取得単位(各機関の推奨単位以上)	・単位取得値1以上:1点
小計			○○点

（3）適用時期の例

長期保証を付した舗装工事の供用後５年の保証期間満了後に適用する。

（4）認定書の有効期限の例

長期保証優良施工工事認定書を発行し，発行日より２年間とする。

（5）適用範囲対象者の例

企業は当該地方整備局内に拠点を有すること，技術者は無条件。

（6）特記仕様書記載事項の例

特記仕様書記載事項の事例を次頁に紹介する。

特記仕様書記載事項の事例

第77条　長期保証優良施工者の認定とその取扱いについて

５年後の性能測定において、（１）に示す性能であった場合には、長期保証優良施工工事として認定書を発行する。

（１）長期保証優良施工者の認定は、わだち掘れ１０mm以下かつ、ひび割れ率１０％以下の性能で施工した者で、別途組織する認定委員会の承認を得た者とする。

（２）認定書については、発行の日より２年間有効とし、その期間中において、四国地方整備局が発注する工種が「アスファルト舗装」工事の入札に参加する際に、競争参加資格確認申請書と合わせて認定書を提出すれば、本工事の完成時の工事成績評定点に加点を付与し、工事成績点を算出し入札時に評価する。

（３）認定書に示す期間中に、四国地方整備局が発注する工種が「アスファルト舗装」の工事に、本工事を技術者の工事実績として申請する場合には、競争参加資格確認書と認定書を提出することで、本工事の完成時の工事成績評定点に加点を付与した工事成績評定点で入札時に評価する。

（４）認定書は、四国地方整備局発注工事に限り有効とする。

（５）加点は、２点を予定している。

【参考】

【長期保証試行工事の流れ】

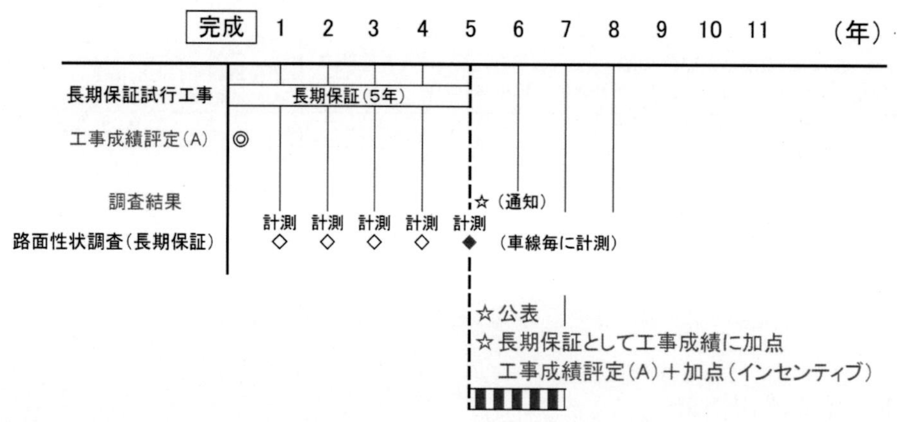

●企業の工事成績平均点＝　（（工事成績評定点（Ａ）＋加点＋全工事成績評定点）／（ｎ＋１）

ｎ：全工事件数

●技術者の工事成績評定点＝　工事成績評定点（Ａ）＋加点

<参考文献>

1) 菊川 滋，久保和幸，達下文一，羽山高義，丸山暉彦，山之口浩：最新・アスファルト舗装技術　舗装学のすすめ・AからZまで，山海堂，平成7年9月

2) 高野 漠：舗装機械の使い方（第二版），建設図書，平成7年8月

3) 長寿命舗装の作り方，高速道路総合技術研究所，令和元年5月

4) （公社）日本道路協会：舗装設計施工指針（平成18年版），平成18年2月

5) 平成27年度国土交通省国土技術研究会資料

第６章　保証期間内および満了時の対応

長期保証を規定した工事の保証期間においては，評価結果に対する原因究明が重要となることから，発注者あるいは道路管理者は，その期間に舗装の性能に影響を与える負荷をかける事象が発生した場合には，それを記録しておく責務を有し，保証期間満了時の評価に影響を及ぼす免責事項に関する事象の発生の有無が不明とならないよう留意する。工事引き渡しから保証期間満了まで期間中の性能の変化とその原因を把握するための測定値を記録するとよい。なお長期保証を規定したことで保証期間内における維持管理の実施が制限されるものではなく，その他区間と同様に必要な措置は通常通り適切に実施する。ただし長期保証における性能指標値に影響を及ぼす措置を行うときは，長期保証工事の契約条項に照らしその扱いに十分な配慮が求められる。引き渡しから履行完了までに行う確認や協議等の対応の例を**表-6.1.1** に示す。保証期間満了時の性能指標値に照らした評価において，もしこれを満足できなかった場合には，契約条項に準拠し発注者から受注者に必要な対応を求めることとなる。

表-6.1.1　引き渡しから履行完了までの対応（例）

<table>
<tr><td rowspan="2" colspan="2"></td><td rowspan="2">協議・承諾事項</td><td colspan="4">主な対応</td></tr>
<tr><td colspan="2">発注者・道路管理者</td><td colspan="2">受注を希望する企業/受注者</td></tr>
<tr><td rowspan="5">5章</td><td rowspan="5">入札公告・説明
↓
工事契約締結
↓
着工
↓
竣工・引き渡し</td><td></td><td colspan="2">性能指標値の根拠となったデータの確認
受注者の決定</td><td>応札
実否</td><td>契約で求められる補償内容の確認
性能指標での測定方法の確認
適用対象外区間と免責事項の確認
性能指標値を満足しない場合の対応の確認
インセンティブの内容の確認</td></tr>
<tr><td>適用対象外区間
免責事項</td><td colspan="2">契約条項変更の要否の検討</td><td colspan="2">現場照査と設計不備の有無の確認</td></tr>
<tr><td>施工計画
使用材料</td><td colspan="2">性能指標値を満足させる実現性の確認
スペックアップの有無の確認</td><td colspan="2">施工計画の作成，使用材料の選択</td></tr>
<tr><td>設計変更</td><td colspan="2">契約想定外事項の有無の確認</td><td colspan="2">基盤層の特性の確認
その他留意を要する内・外的要因の把握</td></tr>
<tr><td></td><td colspan="2">初期データとして蓄積</td><td colspan="2">工事完成時の性能の測定</td></tr>
<tr><td rowspan="6">6章</td><td rowspan="6">引き渡し
↓
保証期間満了
↓
履行完了</td><td rowspan="3">測定結果</td><td rowspan="3">免責事項に関連する情報を記録</td><td>初期変状の測定</td><td colspan="2">初期変状測定結果の確認</td></tr>
<tr><td>中間年の測定</td><td colspan="2">中間年測定結果の確認</td></tr>
<tr><td>保証期間満了時の測定～評価</td><td>性能指標値を満足しない場合</td><td>測定結果の確認，再測定の要否検討
免責事項適用の申し入れの要否検討</td></tr>
<tr><td>評価結果</td><td colspan="2">再測定を実施した場合はその結果の確認
免責事項適用要求の場合はその採否決定</td><td colspan="2">性能指標を満足した場合は契約履行完了</td></tr>
<tr><td rowspan="2">保証金額
回復措置の方法</td><td colspan="2">不満足の場合
回復措置 or 保証金支払の履行要求の通知</td><td colspan="2">性能指標を不満足の場合は回復措置・保証金の履行</td></tr>
<tr><td colspan="2">回復措置の実施確認 or 保証金の受領</td><td colspan="2">契約履行完了</td></tr>
</table>

6-1　測定時の配慮事項

保証期間中においては，保証期間満了時に実施する性能指標値に照らした評価に必要な情報を遺漏なく入手可能な状態にしておく必要がある。記録は発注者あるいは道路管理者が行うが，受注者も結果と原因を把握するため確認しておくとよい。

6-1-1　保証期間内の測定

（１）測定

契約条項に示された保証期間満了時における測定は発注者あるいは道路管理者が実施する。一方，契約条項による工事完成時の初期値の測定は，一般に受注者が実施することが多く，その費用は工事請負金に含む場合，あるいは契約後発注者と受注者が協議し決定する場合がある。

また，初期変状の測定と保証期間満了時までの中間年で実施する測定は，発注者あるいは道路管理者が一般的に実施する。通常，初期変状は供用開始後 1 年以内，中間年は，発注者の設定で引き渡し後における任意の時期（2 年目～ 4 年目）に最低限 1 回行う。その際，測定の日程は受注者が希望すれば立ち会うことができるよう予め通知するとよい。なお受注者が測定値の変化を把握するための自主的な測定を希望する場合は，発注者あるいは道路管理者が供用状況に照らしてその可否を決定するとよい。

（2）測定結果による対応

性能指標値の評価を「**4-2-1 評価に使用する測定値**」で示した方法により推定して行う場合，あるいは満了時の測定結果が性能指標値を満足しておらずその原因を検討する場合，工事完成時と保証期間内の測定値は極めて重要な意味をもつ。発注者は測定値を逐次受注者に通知し，受注者はその変化等から早期劣化に結び付く要因を整理しておくとよい。

6-1-2　免責事項に関する記録

発注者あるいは道路管理者は，保証期間中に免責事項に関連する情報を把握し，保証期間満了時に検索等が可能な事項と発注者あるいは道路管理者による記録を要するものに分けて，整理保存するものとする。

1）天災及び異常気象

気象データ（気温，降雨，降雪量）および地震の発生状況

→アメダス等により評価時に検索可能な場合が多い。

2）交通事故

保証区間における事故発生状況

→発注者あるいは道路管理者による記録を必要とする。

3）土工部の沈下

沈下の有無および，沈下が発生した場合の沈下量

→発注者あるいは道路管理者による記録を必要とする。評価時においても盛土法面の張り出しや横断ＢＯＸ部や暗渠部における段差の有無等，地盤沈下時に現れる現象から確認可能な場合もある。

4）占用物件の不具合による路面の変状

占用物件の不具合（水道管の破裂等）による路面変状の有無

→発注者あるいは道路管理者による記録を必要とする。

5）その他

・橋梁及びトンネル前後における沈下や変状

→発注者あるいは道路管理者による記録を必要とする。評価時に接続箇所との段差やひび割れ等から把握できる場合もある。

・周辺開発事業等による大型車交通量の変化

→発注者あるいは道路管理者による記録を必要とする。

6-1-3　維持管理

通常行われるべき維持管理は適切に行われることを前提とし，点検診断により必要となった措

置が性能指標値に照らした評価に関係する場合，実施者，費用，保証期間満了時の評価への反映方法については契約条項に照らして発注者と受注者の協議により決定するとよい。

6-1-4　保証期間満了時の測定および評価

保証期間満了時の測定については，以下に示すとおりに実施する。また，性能指標値に照らした評価にかかる手続きのフローの例を**図-6.1.1**に示す。

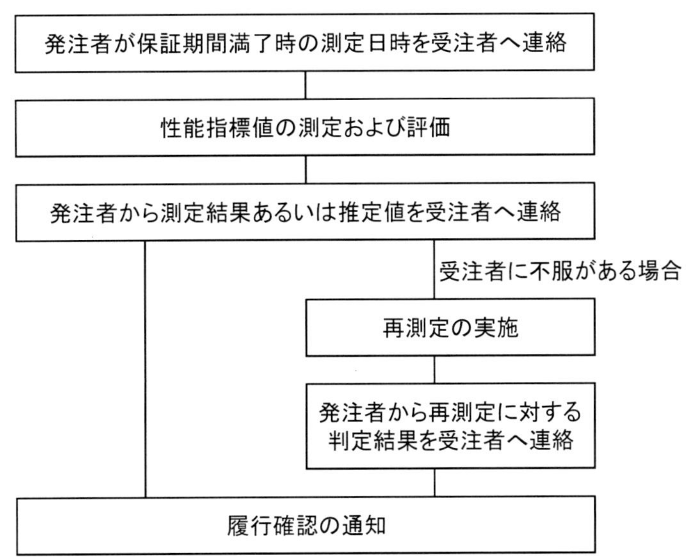

図-6.1.1　評価にかかる手続きフローの例

保証期間満了時の測定は，発注者あるいは道路管理者が行う。この測定にあたっては，予め受注者に測定日時を連絡するものとし，受注者が希望すれば測定に立ち会うことができるものとする。また測定は，初期値から引き継がれた正確な位置「**4-1-2 測定方法**」で行うよう留意する。

なお，将来的な評価指標の見直しを含めた今後の検討に活用するため，性能指標項目以外（例えば，ひび割れ率，わだち掘れ量を性能指標項目とした場合，平たん性）も同時に測定可能な情報は取得しておくとよい。

1）測定方法

わだち掘れ量，およびひび割れ率等の測定方法は「**4-1　測定方法**」に準ずるものとする。

2）測定時期

測定時期は，引き渡し時に定めた保証期間を超えない範囲で気象による測定値への影響等を考慮し，発注者が決定する。

3）評価

保証期間満了時の評価は，「**4-2　評価方法**」に示した方法で実施される。

4）判定

性能指標値を満足しないとする区間や免責事項の適用は，契約条項に則り発注者が判定する。

6-1-5　保証期間満了時測定値の受注者への通知

発注者は，保証期間満了時の測定値あるいは推計値を受注者に通知する。

6-1-6　再測定の実施

例えば，発注者あるいは道路管理者が行った測定または推計結果による評価に受注者から不服の申し出があった場合，発注者は契約条項に則り受注者による再測定の実施の可否を決定する。

なお，路面性状測定車による測定を基本とする「わだち掘れ量」，「ひび割れ率」，「平たん性」について，測定装置の特性・精度等の観点から，受注者が以下に示す路面性状測定車以外の測定方法による再測定の実施を求める場合がある。発注者はこれを承認しその測定値を評価に採用することができる。

1)わだち掘れ量

「舗装調査・試験法便覧」の横断プロフィルメータによる測定方法（各車線 20m間隔で測定・評価）により測定を実施する。

2)ひび割れ率

「舗装調査・試験法便覧」のスケッチによる方法（各車線 50ｃｍマス目に区画し，20m で評価）により測定を実施する。

3)平たん性

「舗装調査・試験法便覧」の 3mプロフィルメータによる方法（各車線 1.5m 間隔で測定し，区間長 100mの標準偏差で評価）により測定を実施する。

6-1-7　再測定結果の検証，測定結果の確定および通知

発注者は，受注者による再測定の測定値が性能指標値を満足する結果であった場合は，発注者あるいは道路管理者による測定結果と比較検証していずれが正かの判定を行い，判定結果を受注者に通知するものとする。判定結果が性能指標値を満足していない評価の場合，「**6-1-8 性能指標を満足していない場合の措置**」に示す措置を行う。

6-1-8　性能指標値を満足していない場合の措置

保証期間満了時の測定結果が性能指標値を満足していなかった場合，以下の事項について検討する。

（1）免責事項適用の有無

発注者は，測定結果が性能指標値を満足していない場合，免責事項に関する記録を確認するとともに，受注者に該当する事象の有無を確認する。

（2）保証金，回復措置の請求

発注者は，受注者から「性能指標値を満足しておらず免責事項へ該当する事象が無い」ことの確認を得た段階で保証金あるいは回復措置を求めるものとする。

（3）原因の究明

発注者と受注者は，性能指標値を満足できなかった原因を究明し以後の工事に反映させるものとする。

6-1-9　履行確認の通知

発注者は，全ての測定結果が性能指標値を満足している場合，および性能指標値を満足していない測定結果が全て免責事項等に該当すると判定した場合は，測定結果および契約の履行を確認した旨を通知する。

6-1-10　保証金または回復措置

発注者は，測定結果が一部でも性能指標値を満足していない場合，および性能指標値を満足していない測定結果が一部でも免責事項等に該当しないと評価した場合は，保証金または回復措置を以下のとおり求める。

（1）保証金

回復措置とせずに保証金を求める場合は，「**5-3-2（1）保証金**」に従うとよい。

（2）回復措置

性能指標値を満足せずに回復措置を求める場合は，「**5-3-2（2）回復措置**」に従うとよい。

回復措置の方法は，受注者が発注者に提示し，発注者が現場条件等に照らして決定する。

6-1-11　不服がある場合の対応

受注者が免責事項の適用の有無，保証金，回復措置の求めに不服がある場合は，契約条項に則り発注者と受注者が協議して第三者（有識者など）を含む評価委員会に判断を求めることができる。

発注者は，当該評価委員会の意見を踏まえ再度評価を行い，評価結果を受注者に通知する。

6-1-12　回復措置の実施および確認

受注者は，回復措置を発注者の評価後契約条項に示された期間内に実施する。

また，回復措置を行った場合は，受注者の負担による再測定を行い，測定結果を発注者に報告する。

6-2　保証期間内における管理

道路管理者は，安全かつ円滑な交通を確保するため，長期保証期間中においてもそれぞれが定めた点検要領に基づき適切に舗装の維持管理（点検，診断，措置）を行う必要がある。点検・診断の結果，措置が必要と判断される場合は，ひび割れの進行を抑制するクラックシールやパッチング，あるいはわだち掘れを改善するわだち部オーバーレイ等の措置を実施することとなるが，性能指標値に照らした評価に影響を及ぼす可能性がある場合は，長期保証工事の契約条項に照らし発注者と受注者の協議を求める等その扱いに十分な配慮が求められる。

措置工法の事例を**写真-6.2.1**と**写真-6.2.2**に示す。保証期間内に想定以上の損傷が進行した場合は，土工部の沈下や埋設物の損傷など免責事項に該当する事由も考えられるため，必要に応じて構造調査を行うなど，適切に診断して損傷要因を特定することが必要である。

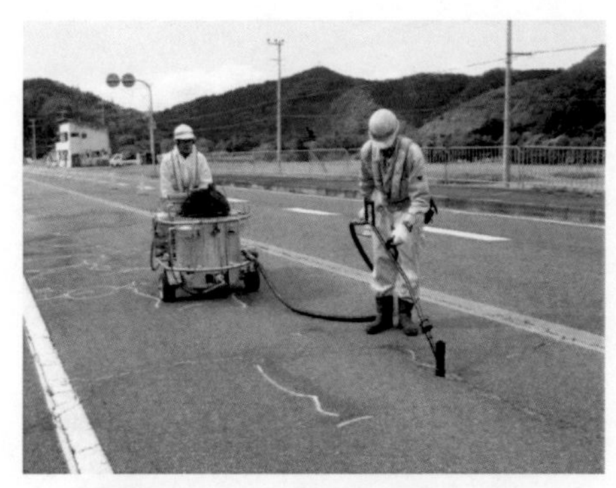

写真-6.2.1 クラックシール

写真-6.2.2 パッチング

6-3　原因究明・対策検討

長期保証制度による工事は，契約条項に則った標準的な施工に対し，発注者と受注者が共に舗装の長期的な性能確保を意識し，課題と解決策を探りながら取り組むものである。

性能指標値は，「**5-2-3 施工**」で示した標準的な施工を確実に実施すれば満足することを前提にて設定される基準値であり，保証期間内の劣化によりこれを満足しなくなるということは，何かしらの原因があるといえる。従ってこのような場合には発注者と受注者が協力してその原因を究明し，免責事項が適用されない要因で性能指標値を大きく逸脱し保証期間満了時の評価において回復措置を行う必要があるされた場合は，受注者は単に履行するのではなく，その原因に結び付く施工の不備等を特定しその改善策を検討して，これをノウハウにフィードバックさせることを心がけるとよい。また免責事項が適用される要因による劣化や損傷を別途修繕する場合には，発注者あるいは道路管理者はその原因を踏まえた対策を十分に検討した上で修繕を行い，設計の見直しや対策工法にフィードバックできるようにするとよい。なお，原因究明に前述した性能指標に関わる測定以外に費用が発生する場合の取り扱いについては発注者，受注者の協議によるものとする。

6-4　具体事例の紹介

6-4-1　長期保証工事の発注状況

国土交通省は，長期保証制度を付した新設のアスファルト舗装工事を平成 21 年度に東北地方整備局で初めて発注して以来，平成 30 年度末までに**表-6.4.1** に示すように，密粒度アスファルト混合物を表層に用いた舗装（以下，密粒度アスファルト舗装という。）を 241 件，排水性アスファルト舗装を 350 件施工している。

表-6.4.1　年度別長期保証制度適用工事発注件数

	H21	H22	H23	H24	H25	H26	H27	H28	H29	H30	計
密粒度アスファルト舗装	1	4	6	11	24	43	29	41	57	25	241
排水性アスファルト舗装	0	1	22	48	62	50	22	48	69	28	350
計	1	5	28	59	86	93	51	89	126	53	591

6-4-2　性能指標値を超過した工事の状況

表-6.4.1 に示した工事のうち，平成 29 年度集計時点までに長期保証期間が満了した長期保証工事において，性能指標値を満足しなかった工事件数，および区間数などを**図-6.4.1** に示す。保証期間満了工事の件数 145 件（9,699 ブロック，934,208 ㎡）のうち性能指標値を満足しなかったが免責が適用されて完了となった工事が 12 件（219 ブロック，13,564 ㎡），免責が適用されず回復措置，保証金の履行あるいはその協議中の工事が 11 件（71 ブロック，4,918 ㎡）の結果となっている。

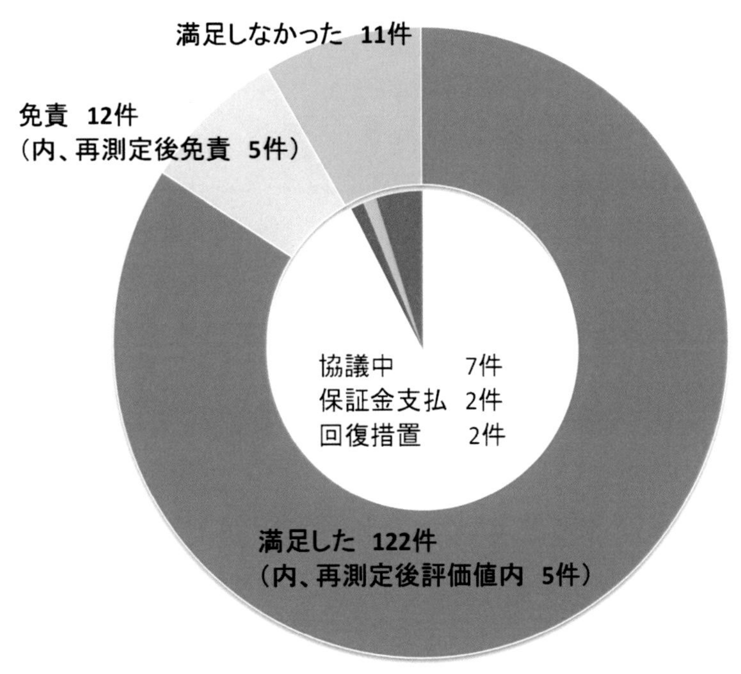

図-6.4.1　平成 29 年度までの評価結果とその措置の状況

6-4-3　免責適用事例

図-6.4.1 に示される免責 12 件のうち，九州地方整備局管内の東九州道と国道 10 号延岡道路の工事区間は，平成 28 年に発生した熊本地震による交通流の変化が免責事項の‘天災’の影響と判定されたものである。震災により熊本県内の九州自動車道や大分県内の大分自動車道が約 1 か月間通行止めとなり，宮崎市内や鹿児島市内等から福岡方面に向かう交通流は東九州道と延岡道路へと流れた（**図-6.4.2**）結果，当該路線の大型車については，震災前の 3 倍の交通量が観測された。**図-6.4.3** に当該路線のわだち掘れ量の推移とその回帰線を，当該路線と同時期に施工されるも震災による交通流の変化要因が無かった南九州道のものと比較する。交通流が変化した当該路線のわだち掘れ量が震災直後から大きくバラつくようになり，結果として回帰式から得られる劣化の速度が速まったことが判る。この事象は震災（天災）に起因する供用状況の変化の影響による可能性が極めて高く，発注者の判断により免責事項が適用された。

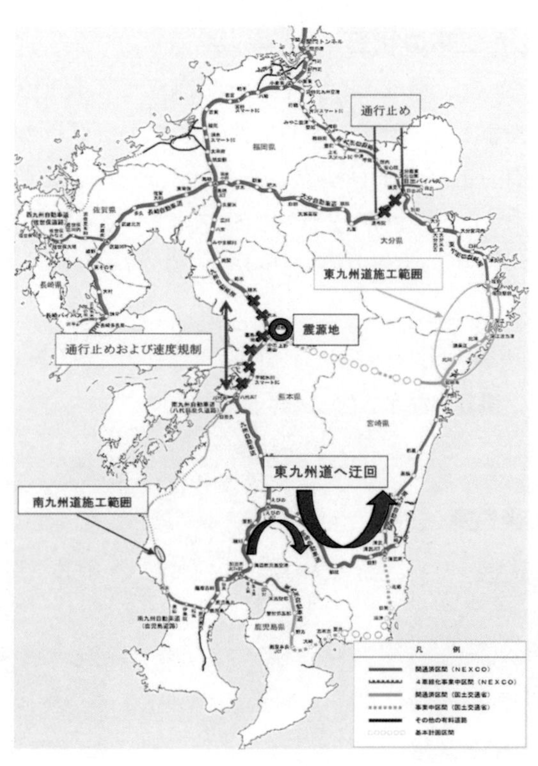

図-6.4.2　熊本地震に伴う迂回

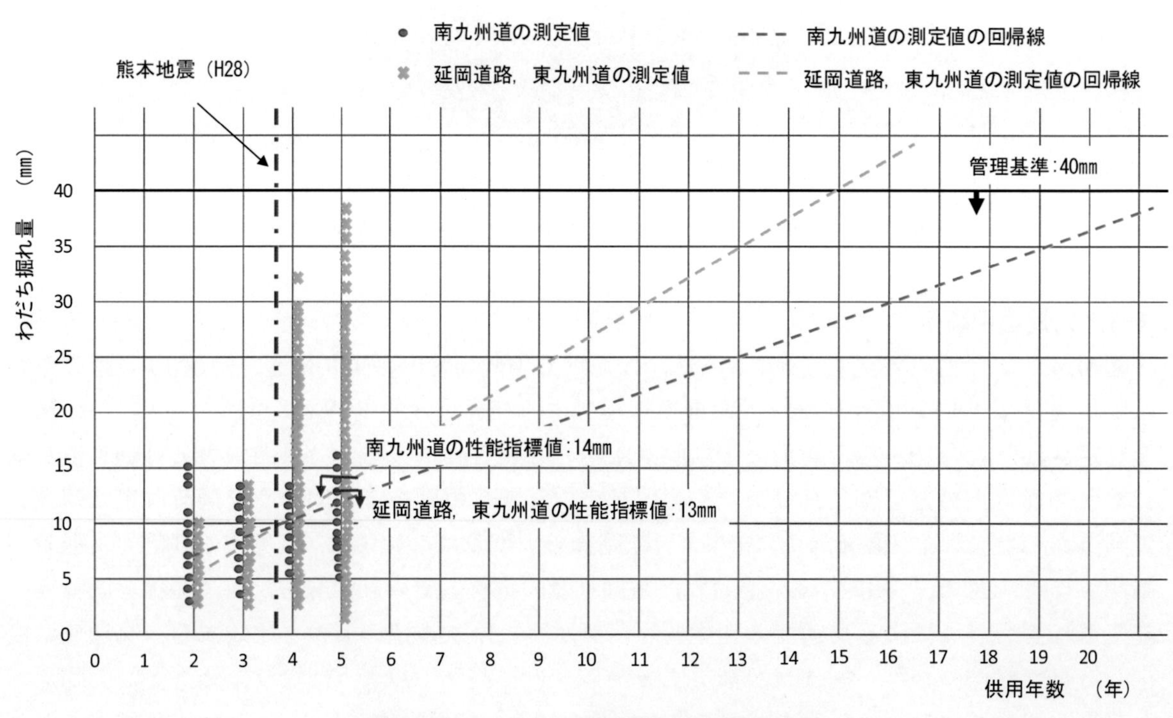

図-6.4.3　わだち掘れ量の推移の比較

第７章　長期保証の継続的改善の取り組み

7-1　継続的改善の意義

アスファルト舗装を対象に実施している長期保証制度の目的は，長期的な性能確保を図ること，つまり長寿命化である。したがって，制度の運用あるいは制度自体をよりよいものに改善していく際の視点は，まずは長寿命化にとって有効であったかどうかである。その上で，仮に有効でなかったとすればどのように改善すればよいのか，より有効な運用・制度とするためにはどうのように改善していけばよいのか，という視点に立って継続的改善は行われる必要がある。

7-2　長期保証制度の有効性の確認

長期保証制度の運用は保証期間満了時に評価した時点で終了するが，保証期間満了時以降も継続して測定を実施し，データを蓄積することで導入効果を分析し，長期保証の運用（保証期間・性能指標値の設定など）が適切であったか，さらには制度自体に改善の余地は無いかを検討し継続的に改善することが重要である。

なお，導入効果については，発注仕様を超える高性能な材料や工法を用いること，いわゆるスペックアップによるものと混同しないよう留意しておく必要がある。

7-2-1　長期保証制度の効果分析の着目点の事例

「**2-3　長期保証制度の効果**」でその効果について説明しているとおり，現状の長期保証制度では標準的な施工を確実に実施することにより，早期の変状の発生を回避し，工事の平均的な品質を向上させ性能指標値の超過の回避を目指す点が長期保証制度の特徴であり，この早期に性能指標値を超える工事の回避は長期保証制度の効果を評価する指標の一つと考えることができる。

たとえば**図-7.2.1** は，**図-3.1.3** を早期損傷と長期保証を満足する工事に分類して再整理したものである。これによると全体のブロック数が 43 件あり，そのうち目標とする供用年数が 13 年以上のブロック数が 8 件，一方で目標年数に満たなかったものが 35 件となっている。長期保証制度を適用し，早期に損傷が発生する工事の件数が減少することになれば，結果として管理道路全体としてみた場合，舗装の平均寿命が長くなることが期待され，**図-7.2.1** の右側の青囲い部分に移行するブロックの割合が増加し，ライフサイクルコスト低減・舗装の長寿命化に貢献しているといえる。

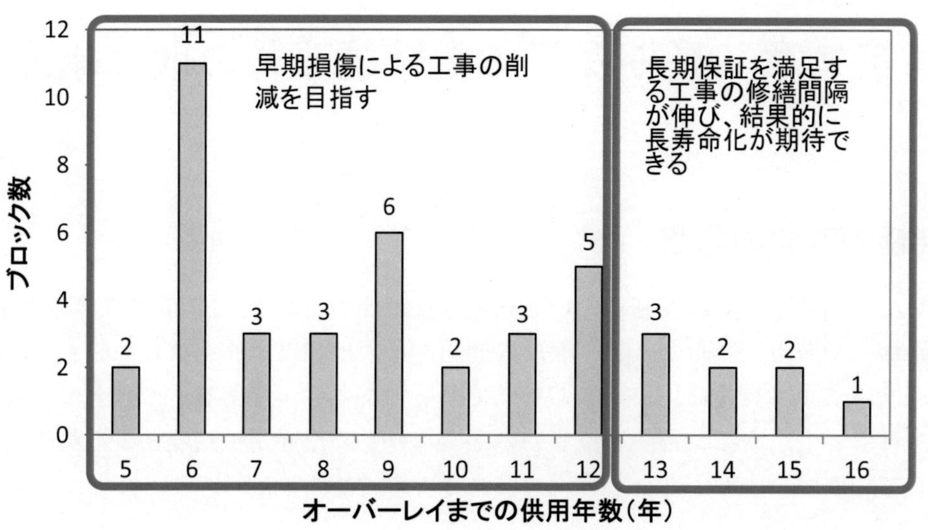

図-7.2.1　長期保証制度の効果評価の一例（目標とする供用年数が 13 年の場合）

また，保証期間満了以降も点検を継続することにより，その後の変状の抑制効果を評価し，長期保証適用工事（箇所）と適用していない工事（箇所）とを比較することが可能となる。**図-7.2.2** は東北地方整備局における整理結果を参考に作成したものである。指標値を設定する際に用いた長期保証以前の測定値と，長期保証制度を適用した工事のデータを比較している。目標とする供用年数での指標値の差が，変状の抑制効果といえる。正確さを追求するにはさらなるデータの蓄積が必要で，追跡して実証されるまでに時間を要する。しかし，長期間のデータの蓄積により長期保証制度を運用することによるライフサイクルコスト低減・舗装長寿命化の程度の評価を，精度をよく評価することができる。

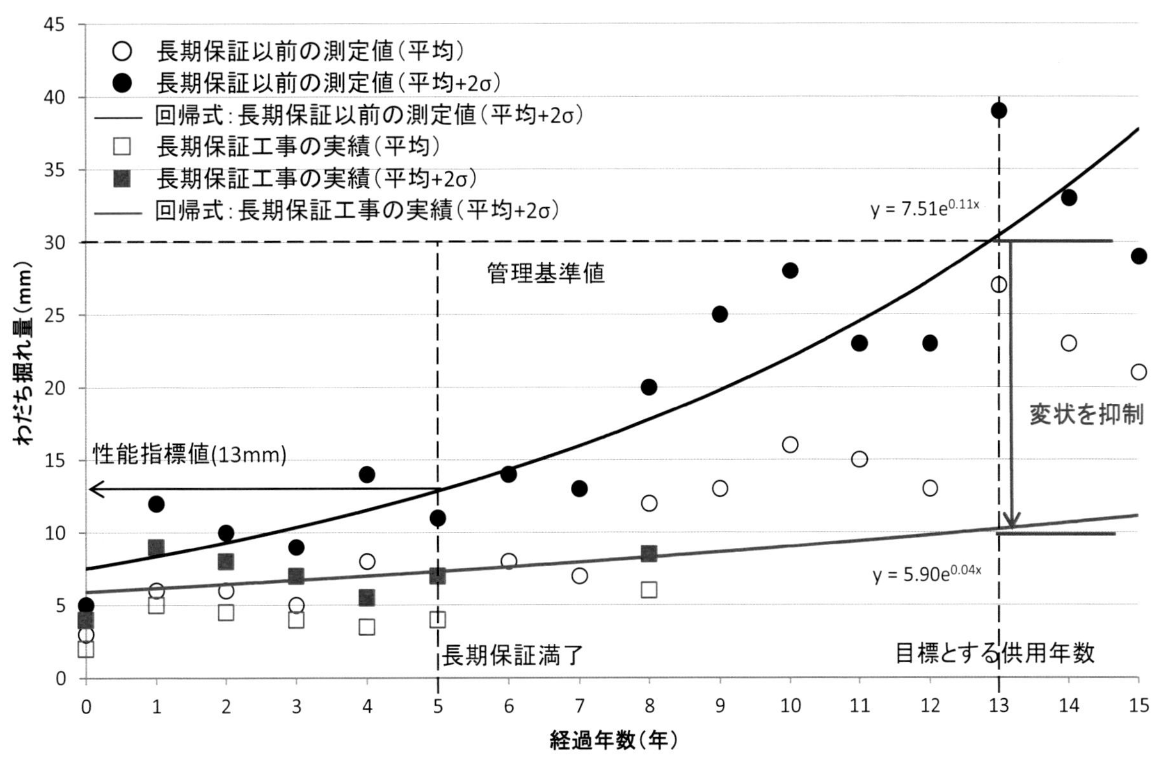

図-7.2.2　長期保証を導入した効果（密粒度アスファルト舗装）

図-7.2.3は，東北地方整備局管内で長期保証を適用したある工事について，長期保証期間中及び保証期間後の路面性状測定データについて，横軸に距離標，縦軸にわだち掘れ量をとり測定年度ごとにグラフを作成したものである。劣化が進行している箇所における進行状況（経時変化）の把握が容易となっている。

たとえば，50.6KP付近においては，他の箇所と異なり，わだち掘れが急激に進行し，長期保証期間（5年）満了後の6年後には20mm以上となっている。このような箇所が少なければ，あるいは局所で留まっていれば，長期保証制度を導入した効果があったといえる可能性がある。なお，このように急激に進行した事例については，該当箇所において原因究明を行い適切な対策を行う必要がある。また，今後の工事の設計や長期保証制度の見直しの参考とすることも考えられる。

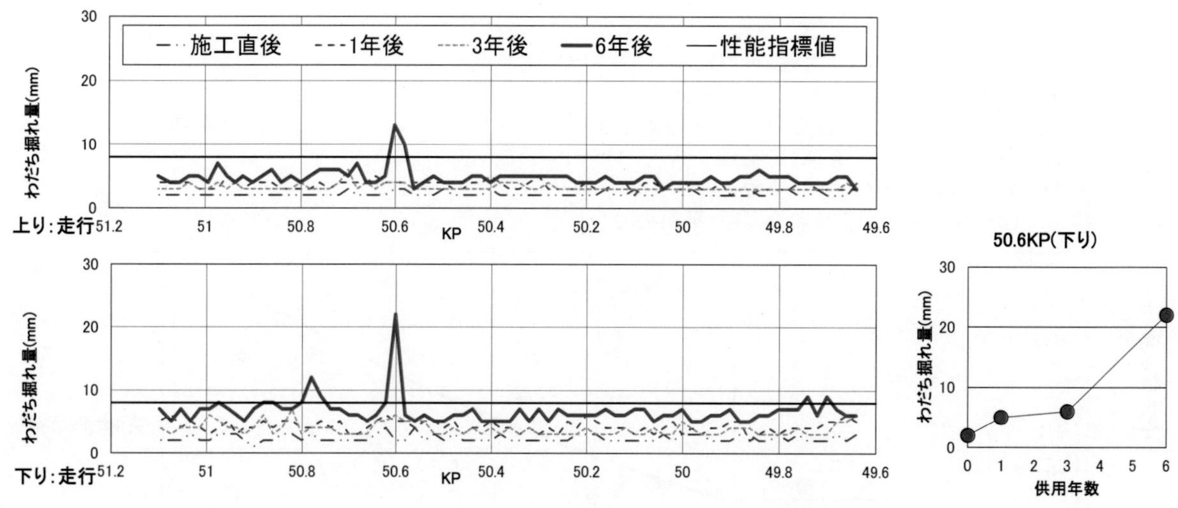

図-7.2.3 長期保証区間のデータの整理事例

7-2-2 損傷の原因究明

（1）原因究明

劣化が性能指標値を超過するか，性能指標値を超過する可能性がある場合には，「**6-3 原因究明・対策検討**」を参考に，交通条件や気象状況，道路条件（地域条件，設計条件，道路種別）等のデータを収集し，劣化が急激に進行した原因究明を行う必要がある。原因究明では，長期保証を適用した工事において，設計条件の設定に問題があったのか，施工条件に問題があったのか要因を明確にする必要がある。「舗装の維持修繕ガイドブック 2013」[1)]では，付録にて舗装の主な破損の形態や発生原因の詳細を，「舗装点検必携平成 29 年版」[2)]では，各指標の損傷事例を示しているので参考にするとよい。

設計条件に関するチェックポイントは，現地の地盤条件，気象条件，想定した交通量等を再整理し，現状の地盤条件，気象条件，交通条件と比べ，想定外となった箇所がどこであったか明確にする必要がある。

施工条件に関するチェックポイントは，施工時の気象条件，工程，施工管理状況を調べ，原因を究明することが必要である。

（2） 原因究明に必要なデータ

原因究明にあたり，長期保証工事発注時に収集したデータと供用中の蓄積データを以下に列挙するので，これらを活用するとよい。また，気象条件や交通条件等はアメダスや道路交通センサス等の統計データを調べることでも収集可能である。

- 気象条件：温度（大気温度・路面温度），降雨量，降雪（積雪）量
- 設計条件：計画交通量，設計 CBR，舗装構造
- 交通条件：大型車交通量，大型車混入率
- 工事条件：工事完成図書等，使用材料，施工記録，出来形試験結果（平たん性など）
- 点検時の条件：路面の損傷状況（ひび割れ，わだち掘れ）
- その他

（3）原因究明が必要な事例

図-7.2.4 は東北地方整備局管内のひび割れ率の経年変化の例である。供用年数4年（保証期間中）や5年（保証期間満了時）におけるひび割れ率は，性能指標値（20%未満）を満たしているものの，バラツキが大きくなってきており，供用年数8年（保証期間満了後3年）において，ひび割れが急激に進行し，管理基準値を超過している箇所がある。平均値を確認すると5年目は0.5%であるが，8年目は4.2%まで進行しており約8倍となっている。このように急激に進行しているような箇所については，原因を調べ，その後の進行を抑制するための対応策を管理基準に達する前にとることが望ましい。

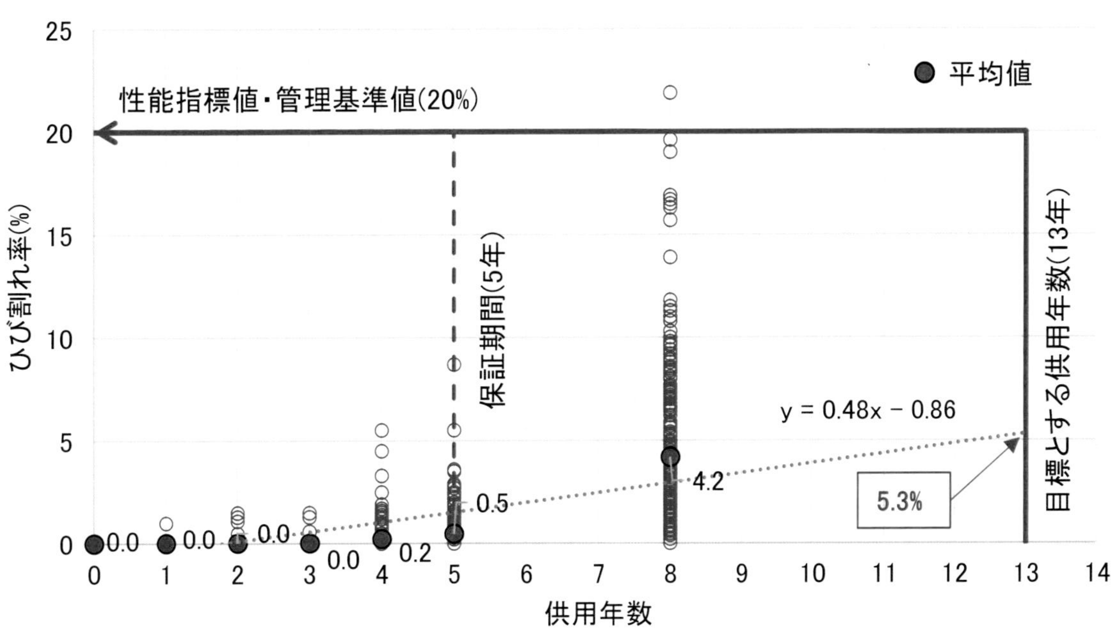

図-7.2.4　ひび割れ率の経年変化例（密粒度アスファルト舗装）

7-3　長期保証制度の運用の改善

7-3-1　保証内容の見直し

損傷原因を究明または推定した結果を踏まえ，たとえば管理道路全体の舗装の長期供用性を確保するという目的を達成するために保証期間，性能指標値，性能指標等の見直しが必要となった場合には，「**3-1-2 保証期間の設定について**」，「**3-1-3 性能指標値の設定について**」を参考に見直しを行う必要がある。ただし，見直すたびに性能指標値を際限なく厳格化し，受注者に過度な負担がかからないように注意しなければならない。

また，長期保証制度を適用した工事が複数件行われた後，「長期保証制度の目的，趣旨を理解して運用することができたか」，「工事発注時に，保証区間の設定，指標項目・性能指標値の設定，免責事項の設定は適切であったか」等について，各工事で実施状況を確認するなどして，長期保証制度の運用方法の検証を行い，必要に応じ見直しについての検討をするとよい。

なお，長期保証制度は，性能指標値，保証期間等を，これから管理する道路の事情にあわせて発注者が設定して運用する制度であり，設定値が一義的に定められている訳ではない。長期保証工事を複数経験し，データが蓄積されることにより，各道路管理者の事情に合わせた独自の長期保証制度の運用をしていくことが可能になる。

前項「**7-2 長期保証制度の有効性の確認**」に示した有効性の確認の結果，長期保証を満足しなかった工事が多い場合には，関連データを蓄積し，保証期間，性能指標値，免責区間の適用の考え方等について検討する必要がある。

長期保証の運用が適切であったかの検討内容の一例として，性能指標値の見直しが挙げられる。ここで重要なことは，性能指標置を，過去の舗装の劣化進行実績から，際限なく厳格化することではなく，早期の変状の発生を回避することを意識して管理することにより長期供用性を確保するという舗装の維持管理上の目標に対して，いかに適切な設定を行うかである。たとえば，目標とする供用年数以降でそれぞれの道路管理者が設定した管理基準であるわだち掘れ量 40mm に到達しないような長期供用性を確保可能な値に見直すことが重要である。つまり，蓄積されたデータを整理・分析し，設計条件や施工条件，交通条件等に配慮した上で，長寿命化が達成可能な値を性能指標値として設定するという観点が必要である。また，急速盛土で施工された土工部のような沈下が想定される等，現地の条件により，一般的な材料や機械を用いて施工しても，長期保証を満足できない状況が想定される場合には，設計変更により材料や工法における高い性能に相応の費用をかけ施工することが望ましい。その際はさらに，新しい技術や材料を用いることも期待される。

7-3-2　劣化が進展している事例における見直し

以下に示す地方整備局で実施した複数の長期保証工事の事例は，保証期間満了間際や，満了後に急激に劣化が進展している事例である。このような状況が多くみられる場合には，関連データを蓄積し，保証期間，性能指標値，免責区間の適用の考え方等について検討する必要がある。

（1）　保証期間満了時点に劣化が進展している事例

性能指標値は満足しているが，保証期間満了時点に性能指標値に達するような劣化に進展している（**図-7.3.1**）。複数の工事でこのような事例が多くみられる場合には，保証期間満了後も定期的に計測を行い，観察する仕組みを構築して，原因究明等により，性能指標値，免責区間の見直しを検討する必要がある。

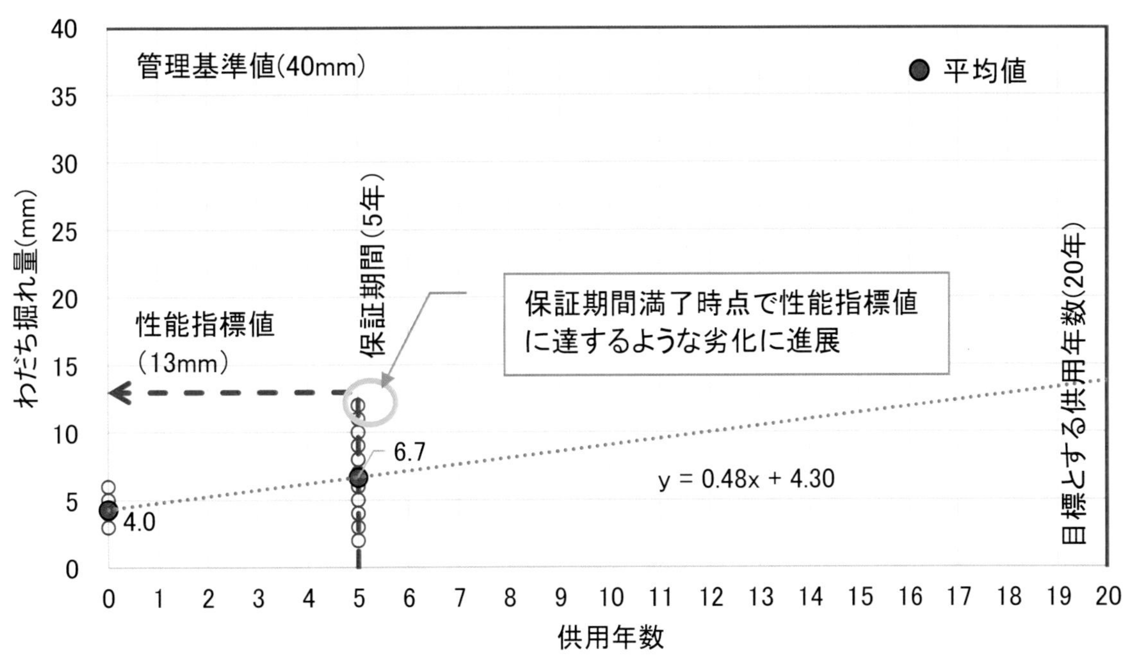

図-7.3.1　保証期間満了時点にわだち掘れが進展している事例（排水性アスファルト舗装）

（2）保証期間満了後に急激に劣化が進展している事例

複数の工事で保証期間満了後に急激に劣化が進展し，管理基準値を超える（例えば，密粒度アスファルト舗装のひび割れ（**図-7.3.2**），排水性アスファルト舗装のわだち掘れ（**図-7.3.3**））ような場合には，設計・施工が適切であったのか確認したうえで，受注者に過度の負担にならない範囲で保証期間を延ばす等の保証期間の見直し検討が必要となる可能性がある。

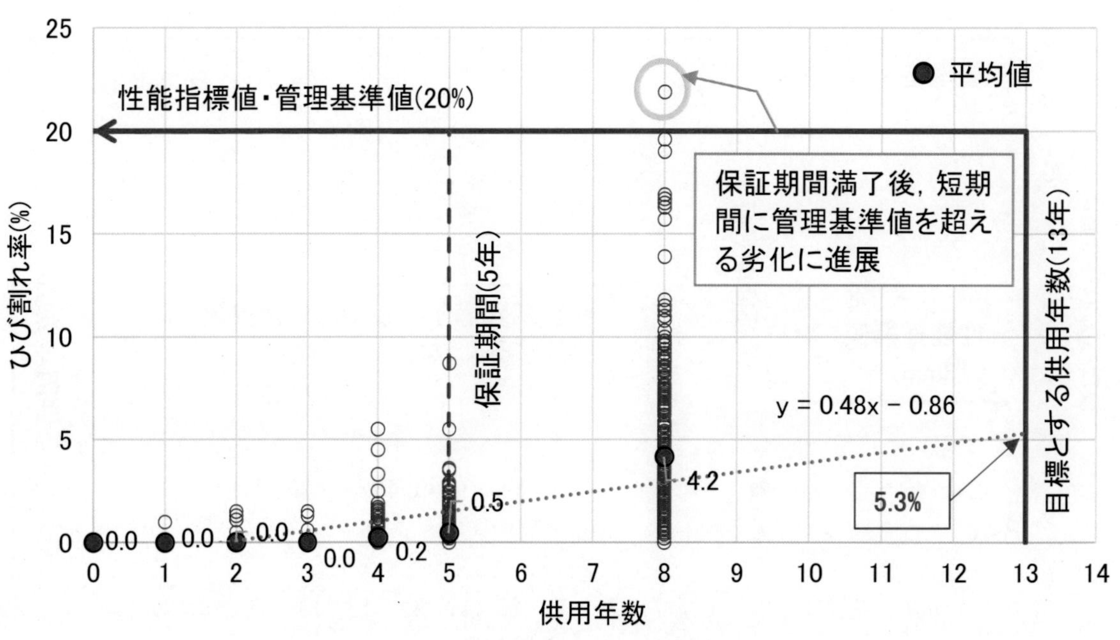

図-7.3.2　保証期間満了後数年で急激にひび割れが進展している事例
（密粒度アスファルト舗装）

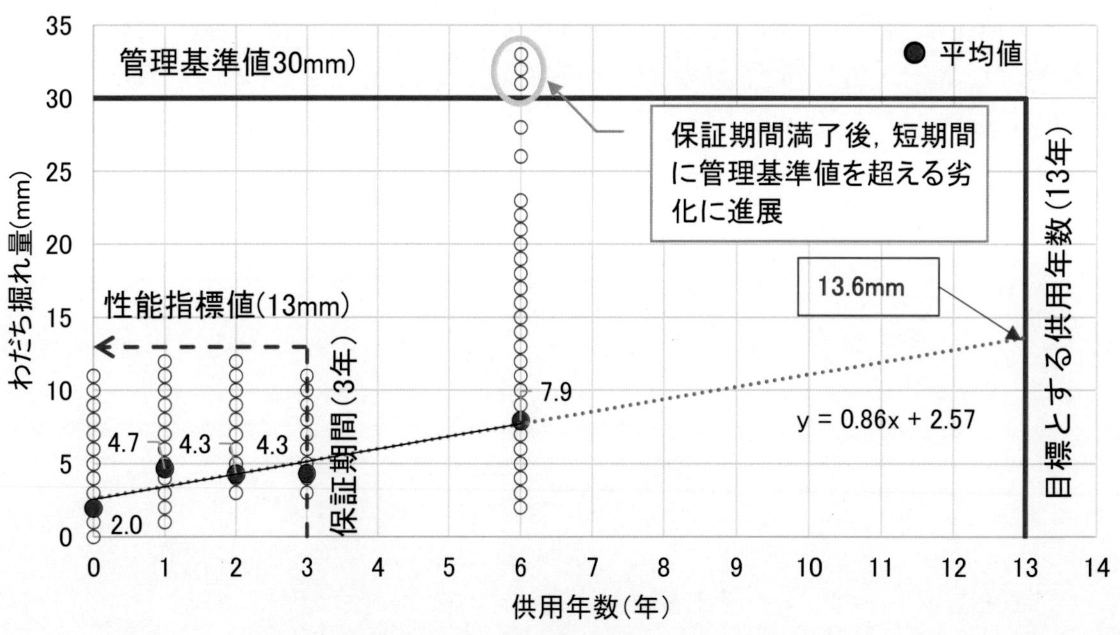

図-7.3.3　保証期間満了後数年で急激にわだち掘れが進展している事例
（排水性アスファルト舗装）

（3）性能指標項目以外の損傷が発生し顕著になった事例

たとえば当初，わだち掘れのみを性能指標項目として設定したが，その後一連の区間でひび割れに起因する修繕が目立つようになった場合などは，設計の妥当性を確認するとともに，ひび割れも性能指標項目として，その後の性能保証工事では追加で設定するといった見直しが求められることがある。

7-4　長期保証制度の継続的改善

前項では現行の長期舗装制度の運用の見直しについて記述してきたが，本項では長期保証制度の改善・発展について記述する。本書で取り上げた現行の長期保証制度は，多くの場合，交差点部や橋梁部を適用対象外とし，性能指標値は，標準的な材料・工法を用いることを前提に設定するとしている。これは，交差点部などを適用対象外にしているのは単路部より劣化速度が速いと想定しているためであり，標準的な材料・工法に限定しているのは，高性能な材料などを用いた際の性能指標値を設定するためのデータが十分揃っていないためと考えられる。制度の目的，すなわちアスファルト舗装の長寿命化を図ろうとするのであれば，劣化が早いと想定している交差点部等への適用を図ることが望まれ，高性能な材料を用いてより長寿命化が図れるのであれば，高性能材料を用いる際の性能指標値設定のためのデータを蓄積するとともに，高性能材料を使用することによって増加する費用と長寿命化の程度をライフサイクルコストを用いて評価するなどして，適用拡大に向けた取り組みを行っていくことが求められる。

さらには，修繕工事への適用拡大についても取り組んでいく必要がある。舗装工事は，昨今は新設工事より修繕工事の工事量が多い現状にあり，今後もその傾向に変わりはないと想定され，また良好な走行環境の維持のためには，修繕工事の重要性がますます増してくると考えられ，修繕したアスファルト舗装にも新設と同様に長寿命化を目的とした長期保証制度の適用が望まれる。

交差点，修繕工事へ適用された事例を「**7-4-1　交差点への適用**」，「**7-4-2　修繕工事への適用**」に示し，「**7-4-3　技術開発推進のための技術提案導入**」に今後の展望を示す。

7-4-1　交差点への適用

国土交通省における長期保証型舗装工事の多くでは交差点部（交差点手前，交差点内部）は長期保証区間として適用されていない。交差点部と単路部とで条件が異なるためであるが，性能が確保できる発注仕様を前提としたうえで，次の３つの方法が考えられる。

①特に荷重条件が厳しい交差点手前や車両挙動が変化する交差点内部について設計を変えた上で，単路部と同一の性能指標値で対応していく。
②交差点手前および交差点内部のみを保証区間として設定する。
③単路部とは別に交差点部だけの独自の性能指標値の設定等も検討し制度を見直す。

交差点部を含めた長期保証制度の適用に向けて，東北地方整備局で，保証金・回復措置・インセンティブ等は適用しないものの，データ取得を行っている事例がある。当該工事は，舗装に求める性能を規定しており，舗装構造については受注者が提案する工事である。提案内容では一般部と交差点部（ブレーキ制動がかかる停止線手前の部分も含む）で別の舗装構造を提案し採用され，結果的には設計変更がなされている。なお性能指標値は一般部と交差点部とで同一の性能指標値を設定している前述の①の考え方である。交差点部では舗装へのダメージが一般部より大きくなることが懸念されるため，基層においても耐久性の高い改質アスファルトを用いた混合物を採用しており，本工事で採用された舗装構造を**図-7.4.1**に示す。

交差点部での長期保証の適用についてはこのような事例を参考にするとよい。

名　称	材料・工法 一般部	 交差点部	厚さ (cm)
表　層	密粒度AS（20T）改質Ⅱ	密粒度AS（20T）改質Ⅱ	5.0
基　層	再生粗粒度AS（20）	**粗粒度AS（20）改質**	5.0
上層路盤	再生瀝青安定処理	再生瀝青安定処理	8.0
下層路盤	再生クラッシャラン	再生クラッシャラン	30.0
路　床	設計CBR12	設計CBR12	

図-7.4.1　舗装構造の事例（一般部と交差点部）

7-4-2　修繕工事への適用

北陸地方整備局では，修繕工事への適用に向けて，発注方式や工事箇所の選定等について検討を行い，平成30年度（工期：平成31年3月26日～令和元年11月20日）に新潟県内の国道49号で試行工事を行った。以下にその概要を示す。

（1）試行箇所の選定

北陸地方整備局では，以下の視点から試行箇所を選定している。

- 工事範囲：下層路盤からの打換えが必要な箇所
- 早期劣化：使用目標年数に満たない間隔で補修又は修繕を繰り返している早期劣化区間の箇所
- 免責：（現行の長期保証実施要領における）免責および除外対象が少ない箇所
- 新設時情報：新設時の情報が整理されている箇所
- 修繕履歴：過去の修繕履歴情報が整理されている箇所
- 健全度：路面および路床の健全度（1年以内）の情報がある箇所

なお，長期保証を修繕工事へ適用するにあたっては，新設との条件の違いを考慮する必要がある。例えば，必ずしも路床や路盤工事が含まれるわけではない，路床の支持力等地盤の状況を直接把握できない場合がある，過去の工事履歴を確認し必要に応じ修繕設計に反映する必要がある，といった点である。

（2）入札契約方式

次に長期保証を適用した修繕工事を発注する上で，断面提案を事前に受け付け，技術力を評価できる方式として，設計施工提案型を採用した。この発注方式は，設計施工の提案を求め採用する方式であり，技術提案に基づき予定価格を作成したうえで，技術提案と価格の総合評価を行うものである。この方式により標準案に対し民間技術力を活用し，部分的に設計変更を含む提案により，当該工事の品質の向上や中長期的なライフサイクルコストの縮減が期待できる。

（3）長期保証の概要

本試行工事での長期保証の概要は以下のとおりである。

1）保証期間

工事完成から5年間とする。

2）保証内容

保証期間内において，わだち掘れ量について12mm以下，ひび割れ率について11%以下であること。

（4）採用された舗装構造

なお，本試行工事では，現状の最大嵩上げ可能高さを5cm以内とし，必要T_A22以上の構造を確保し，わだち掘れ，ひび割れ，施工目地の雨水の浸入に対して，耐久性向上・長期的な性能が確保でき，かつ沿道のすりつけなど道路管理・供用性へ配慮した舗装構造が求められていた。その結果，**図-7.4.2**に示す既存の舗装構造に対して，既存舗装と同一の舗装厚（30cm）にできるフルデプスアスファルト舗装構造が提案され採用されている。

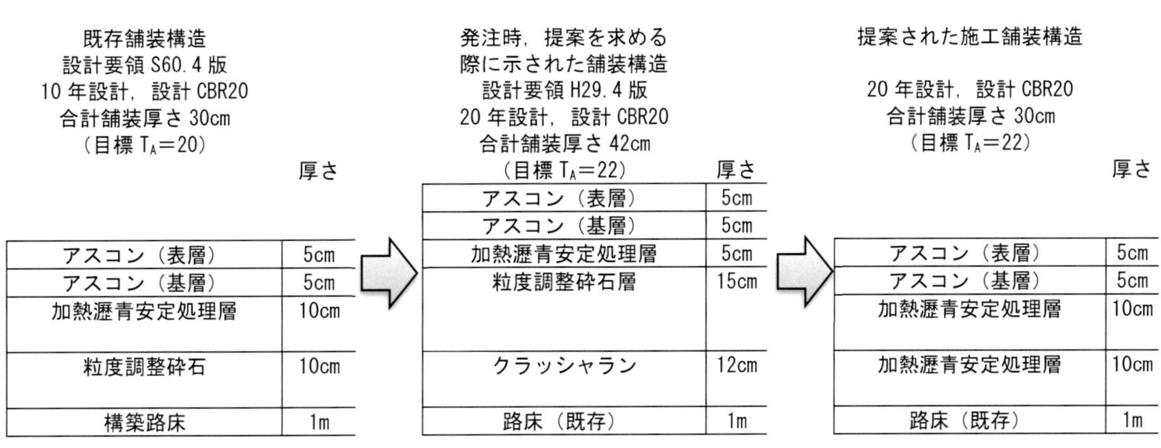

図-7.4.2　適用事例の舗装構造

（5）免責事項

本試行工事の保証区間における免責及び，免責区間を設ける場合の免責事項は，北陸地方整備局における道路舗装の長期保証の実施要領の考え方に基づき，新設工事と同様に規定している。

7-4-3　技術開発推進のための技術提案導入

東北地方整備局が初めて長期保証制度を試行したアスファルト舗装工事においては，技術的な工夫を促すため，まずは発注者から最低限確保すべき施工完了から5年後のわだち掘れ量が提示され，応札者からその値以下の技術提案を示す総合評価方式で行われた。しかしその後，この方式は定着せず，性能指標値の閾値を過去のデータに基づき定め，標準的な材料・工法を用いることを前提とした現行方式が行われている。その理由としては，技術提案を求めた場合，その案の実施に伴う対価の取り扱いを明確にすることができず，その結果過度な技術ダンピングを惹起するおそれがあったためと考えられる。また，実績が十分でない新技術等の提案があった場合に発注者側がその案の妥当性を確認する方法が明確でなかったことも一因として考えられる。技術提案を求めれば，これまでの少ない実施例をみても，応札者からは様々な提案がなされることは十分に想定されるものである。

今後，新技術の導入促進や長期保証制度の本来の目的，舗装の長寿命化を図る観点からも，現行の標準的な材料・工法による取り組みが定着し，前述の課題に対応しうるよう入札・契約方式が工夫された際には，更に進んで性能指標値に技術提案を求め，より長寿命化を図る民間技術を積極的に活用していく制度として運用していくことが考えられる。

7-5　おわりに

保証期間満了後も含め，蓄積したデータは今後の長期保証制度の改善の材料に利用することが可能である。たとえば，目標とする供用年数を見据えて管理するためには，5 年以降の性能も保証する方がいいのか，あるいは道路管理者・施工業者双方の負担を軽減するために保証期間を短縮すべきなのか，免責条件の変更を行うべきか等，適用事例や保証期間満了後のデータが十分に蓄積された後，長期保証制度について検証し，見直しに向けた検討が可能となる。また，長期保証制度では，保証区間の中で免責及び免責区間を設けることを可能にしているが，制度を運用し，施工事例が増えデータが蓄積していく中で，免責及び免責区間を縮小させる方向での改善検討も可能となる。

1 章で述べたとおり長期保証制度の理念として，発注者と受注者がともに舗装の長期的な性能確保を意識し，課題と解決策を探りながらその実現を目指すことが挙げられる。長期保証制度の継続的改善を繰り返すことにより，受発注者双方が長期の性能に関する知見を蓄積することができ，その継続によって，優れた性能をもたらす技術が，性能に相応で適正な価格にて合理的に導入される仕組みが確立されていく。

そして，その結果および過程において，設計の妥当性確認への意識，また企業における技術開発の意欲が促進され，ひいては，舗装のライフサイクルコストの低減と，性能の維持・向上がもたらされることを期待するものである。

<参考文献>

1）（公社）日本道路協会：舗装の維持修繕ガイドブック 2013，平成 24 年 11 月
2）（公社）日本道路協会：舗装点検必携 平成 29 年版，平成 29 年 4 月

資料4－1

「道路舗装の長期保証」

実施要領（案）

平 成 ２９年 ３月

北 海 道 開 発 局
東北地方整備局
関東地方整備局
北陸地方整備局
中 部 地 方 整 備 局
近 畿 地 方 整 備 局
中 国 地 方 整 備 局
四 国 地 方 整 備 局
九 州 地 方 整 備 局
内閣府沖縄総合事務局

「道路舗装の長期保証」実施要領（案）

第１章　密粒度及び排水性アスファルト舗装

Ⅰ．総則

１．適用の範囲

新設車道の密粒度及び排水性アスファルト舗装工事においては、道路舗装の長期保証制度（以下「本制度」という）を原則実施する。

この実施要領（案）は、本制度を実施する場合に適用する。

２．長期保証制度の概要

本制度の概要は以下のとおり。

（1）長期保証の目的

新たな性能発注方式の実施により、新設舗装の長寿命化を図り、維持管理の効率化とLCC縮減を図ることを目的とする。

（2）保証期間

新設の密粒度及び排水性アスファルト舗装について、保証期間を5年間とする。

（3）保証内容

本制度で保証する内容（性能指標値：以下指標値）は以下のとおりとする。

① わだち掘れ量について引渡し5年後の測定値が、各地方整備局等の過去の実測データを用いて作成した近似曲線等から導いた指標値以下であること。

② ひび割れ率について引渡し5年後の測定値が、各地方整備局等の過去の実測データを用いて作成した近似曲線等から導いた指標値以下であること。

③ なお、排水性アスファルト舗装について、過去の実測データが不足している場合は十分なデータが得られるまで密粒度アスファルト舗装に適用している指標値を暫定的に用いること。

④ 保証期間内において、わだち掘れ量について30mm未満、ひび割れ率について30%未満であること。

（4）指標値を達成できなかった場合の措置

指標値を達成できなかった場合、受注者に対して以下の措置を求めることができることとする。

① 5年後のわだち掘れ量30mm以上の場合又はひび割れ率30%以上の場合は、回復措置を、5年後のわだち掘れ量が指標値を超え30mm未満の場合又はひび割れ率が指標値を超え30%未満の場合は程度に応じた保証金

② 保証期間内にわだち掘れ量30mm以上となる場合又はひび割れ率30%以上となる場合は、その時点で回復措置

３．適用条件

本制度で対象とする工事は以下のとおりとする。

① 新設車道の工事であること。

② 表層が密粒度及び排水性アスファルト舗装であること。

③ 路床または下層路盤を含み表層までが施工範囲であること。

ただし、地盤や路体の条件等、当該舗装工事の責に帰することが出来ない理由で、当該工事の広い範囲で舗装に変状が生じる恐れのある場合及び、基層または表層のみの施工で、路盤を含まない工事は本制度の適用対象外とする。

Ⅱ．工事の発注

４．保証区間の設定

対象工事において、「Ⅰ．３．適用条件」に示した条件を勘案して保証区間を設定するものとする。また、保証区間の中に、必要に応じて免責区間を設けることができるものとする。

なお、免責区間を設ける場合は、対象となる免責事項及びその範囲が特定できる場合にのみ設けることとする。

５．指標値の設定

指標値については「Ⅰ．２．（３）保証内容」に準拠して設定を行うものとする。

６．免責事項

保証区間における免責及び、免責区間を設ける場合の免責事項は以下のとおりとする。

（１）天災及び異常気象による路面の変状

（２）交通事故による路面の変状

（３）土工部の沈下の影響（横断構造物等の周辺を含む）による路面の変状

＊土工部の沈下が想定される箇所に関しては、沈下の証明方法を受注者と協議すること。

（４）占用物件の不具合による路面の損傷

（５）その他、不測の事態等受注者の責任によらないと発注者が認めた場合

＊上記以外の項目の内容は発注者が適宜判断し設定するものとする。

＊対象とする項目や適用範囲に関しては、発注者と受注者の双方で協議すること。

＊交差点、トンネル、橋梁部等はその範囲を考慮した上で必要に応じて掲げる。

＊設計よりも上回る大型車交通量の発生やタイヤチェーン走行により、わだち掘れの路面変状が発生した場合は、不測の事態とし、受注者の責任によらない事象としてその他の項目とする。

＊設定した免責事項が保証期間中又は保証期間満了時に該当した場合は、受発注者で協議をして記録を残すこと。

７．発注図書の作成

入札公告および入札説明書に本制度の対象工事である旨を記載する。

【記載例】

<table><tr><td>
【入札公告】
●工事概要
●工事実施形態
● 本工事は、道路舗装の長期保証を規定した工事である。指定した指標に適合するように、舗装の一般的な材料および工法を使用し、材料の選定、施工方法、施工管理等をより適切に行うことにより、舗装の耐久性の向上を図るものである。
【入札説明書】
●工事概要
●工事実施形態
● 本工事は、道路舗装の長期保証を規定した工事である。指定した指標に適合するように、舗装の一般的な材料及び工法を使用し、材料の選定、施工方法、施工管理等をより適切に行うことにより、舗装の耐久性の向上を図るものである。
</td></tr></table>

８．特記仕様書の作成

本実施要領（案）及び別添の「道路舗装の長期保証工事　特記仕様書作成例（案）」を参考に特記仕様書に必要事項を記載する。

９．総合評価落札方式における注意事項

総合評価落札方式での発注において、指標値は原則として「Ⅱ．５．指標値の設定」のとおりとする。

ただし、指標値について技術提案を求める場合は、技術提案がオーバースペックになる恐れがあるため、使用材料等についての提案に制限を設ける等オーバースペック対策を取ること。

Ⅲ．工事着手

１０．路床支持力等の確認

対象工事が下層路盤からの施工の場合には、路床の CBR 試験（室内又は現場）を200mあるいは1000㎡につき1箇所で実施することを基本とするが、実施する間隔は現場条件（切盛境等）に応じて適宜変更できるものとし、必要な費用を計上する。

また、その他の確認試験が必要な場合は発注者（監督職員）と協議するものとする。

１１．指標値を満足する方法の確認

舗装構造提案書等により指標値を満足する方法の確認を行い、方法が適切でない場合は是正を求めるものとする。

方法が適切で無い場合とは、指標値を満足させるために過度に費用が増加する工法や材料を使用する提案があった場合であり、例えば、表層以外への改質アスファルトの使用、表層への改質Ⅲ型の使用や新工法等で品質・耐久性の評価が不明な工法等が考えられる。

Ⅳ．工事引き渡しまでに決めるべき事項

１２．具体的な保証期間

保証期間は、引き渡しの翌日又は供用開始日から5年間を原則とする。

具体的な保証の期日について受注者と発注者の協議により決めるものとする。なお、確認書等の文書を原則、取り交わす。（特記仕様書参照）

これによりがたい特別な理由がある場合も同様とする。

また、必要に応じて引き渡し又は供用開始前に初期値の測定を受注者で実施する場合、測定に関する費用は受発注者で協議し決定する。その際、対象区間の起終点がわかるように鋲等の目印を設置する。

１３．連絡体制

保証期間内の連絡体制について、受注者及び発注者（事務所等）の担当部署・担当係を決めるものとする。

Ⅴ．工事引き渡しから５年後の評価までの期間

１４．現況の測定

（1）路面性状の測定

わだち掘れ量、ひび割れ率の測定は、各技術事務所が発注者（事務所等）の依頼により行うものとする。その時期は、より詳細なデータ蓄積の観点から、当面、初期変状の把握を目的として1年目を超えない範囲で1回、中間年として2～4年目で1回の計2回を最低限の測定とする。測定方法は路面性状測定車による測定を基本とするが、必要に応じて、わだち掘れ量については横断プロフィルメーター、ひび割れ率についてはスケッチ法により測定することが出来るものとする。なお、評価区間長は車線毎に20m間隔を基本とする。測定にあたっては、予め受注者に測定日時を連絡するものとし、受注者が希望すれば測定に立ち会うことが出来るものとする。

※測定方法は、「舗装調査・試験法便覧（社）日本道路協会」を参照。

（2）測定結果の整理および評価等

各技術事務所は、測定結果を整理し、発注者（事務所等）へ提出するものとする。なお、わだち掘れ量、ひび割れ率については、解析時に路面標示部の影響を考慮する。また、測定値

は、測定値の小数第一位を四捨五入した整数値とする。

なお、長期保証の評価については保証期間満了時として測定又は推計した結果のみを用いることを基本としているが、保証期間中の測定でわだち掘れ量30mm以上となった場合又はひび割れ率30%以上となった場合はその時点で回復措置を行う。

(3)受注者への情報提供

発注者は、すべての測定結果を受注者に通知する。

１５．免責事項に関する記録

発注者(事務所等)は、免責事項に関連する記録を整理保存するものとする。

(1)天災及び異常気象

気象データ(気温、降雨、降雪量)および地震の発生状況(アメダス等により収集)

(2)交通事故

保証区間における事故発生状況(出張所等から情報収集)

(3)土工部の沈下

沈下の有無および、沈下が有った場合は沈下量の把握(小段、法尻側溝の敷高変化、横断BOX部、横断暗渠部等における段差の有無等から把握)

(4)占用物件の不具合による路面の変状

占用物件の不具合(水道管の破裂等)による路面変状の有無および、変状があった場合はその範囲の把握

(5)その他

橋梁及びトンネル前後における沈下や変状の把握(接続箇所との段差やひび割れ等から把握)、周辺開発事業等による大型車交通量の変化状況の把握

１６．自主的措置の申し出

保証期間中に、受注者から自主的処置の申し出があった場合、受注者の負担により発注者の承諾を得て行うことが出来るものとするが、単に指標値の達成のために行うような場合は安易に承諾しないこと。

Ⅵ．保証期間満了時の測定および評価

１７．保証期間満了時の測定および評価

引渡しから5年後の測定は各技術事務所が発注者(事務所等)の依頼により行う。

長期保証の評価については、保証期間満了時となる5年目の値を用いる。5年目の測定日が保証期間に満たない場合は、その測定値と中間年で測定した値を用いた2点間の線形近似式から5年目の値を推計し、その値を保証期間満了時の値として評価する。

測定にあたっては、予め受注者に測定日時を連絡するものとし、受注者が希望すれば測定

に立ち会うことができるものとする。

わだち掘れ量、ひび割れ率については、各技術事務所において測定結果を整理後、発注者（事務所等）へ提出するものとする。

（1）わだち掘れ量

① 測定方法

測定方法は「Ｖ．14．（1）路面性状の測定」に準ずるものとする。

測定値は、測定値の小数第一位を四捨五入した整数値とする。

② 測定時期

引き渡し時に定めた保証期間を超えない範囲で、気象による測定値への影響及び各技術事務所の測定時期を考慮する。

（2）ひび割れ率

① 測定方法

測定方法は「Ｖ．14．（1）路面性状の測定」に準ずるものとする。

測定値は、測定値の小数第一位を四捨五入した整数値とする。

② 測定時期

引き渡し時に定めた保証期間を超えない範囲で、気象による測定値への影響及び各技術事務所の測定時期を考慮する。

１８．受注者への通知

発注者は、測定結果および5年目の推計値を受注者に通知する。

１９．再測定の実施

発注者が行った測定又は推計結果について受注者から不服がある旨の連絡があった場合、発注者の立ち合いのもとに受注者の費用負担により再測定が出来るものとする。

２０．再測定結果の検証、測定結果の確定及び通知

発注者は、受注者により再測定が実施された場合は発注者の測定結果と比較検証した上で測定結果を確定し、測定結果を受注者に通知するものとする。

２１．指標値を満足していない場合の措置

（1）免責事項の判定

発注者は、測定結果が指標値を満足していない場合、免責事項の有無を受注者に確認し、該当がある旨の報告があった場合、その理由を確認し、妥当性を判定するものとする。

（2）保証金、回復措置の請求

受注者から免責事項の有無について、該当が無い旨の報告があった場合及び、上記(1)により免責事項に該当しないと判定した場合は、保証金あるいは回復措置を求めるものとする。

２２．履行確認の通知

発注者は、全ての測定結果が指標値を満足している場合及び、指標値を満足していないすべての測定結果が免責事項等に該当すると判定した場合、測定結果及び保証の履行を確認した旨を通知するものとする。

２３．保証金、回復措置

保証金あるいは回復措置を求める場合、以下のとおりとする。

(1)保証金

わだち掘れ量が「Ｉ．２．(３)」の①で設定した値を超え30mm未満の場合、又はひび割れ率が「Ｉ．２．(３)」の②で設定した値を超え30%未満の場合は保証金を求める。

【保証金の計算式】

各ブロックにおいて、わだち掘れ量及びひび割れ率の測定結果がいずれも保証金の対象となる値となった場合は、保証金の大きい方の算出値を採用する。

長期保証に関する保証金 ＝ Σ(T5i－TS)÷(TX－TS)×切削オーバーレイの単価×該当面積Ai

・T5i(mmあるいは%)　：測点iにおける5年後のわだち掘れ量あるいはひび割れ率

・TS(mmあるいは%)　：5年後のわだち掘れ量あるいはひび割れ率の指標値

・TX(mmあるいは%)　：回復措置の値(わだち掘れ量30mm又はひび割れ率30%)

・切削オーバーレイの単価　：間接費を含む

・該当面積Ai　：5年後のわだち掘れ量が指標値を超え30mm 未満又はひび割れ率が指標値を超え30%未満の測点iを含む区間の面積(該当面積は指標値を超過する部分とし、区間は20m単位とする)

【評価の単位】

わだち掘れ量及びひび割れ率は、ブロック単位ごとに評価する。

ブロックは、長期保証の対象区間を道路延長方向に20mの区間ごとに分割し、さらに1車線ごとに分割したブロックを評価の単位とする。

わだち掘れ量及びひび割れ率は、ブロックごとに測定値の最大値で評価する。

【ブロックの例】

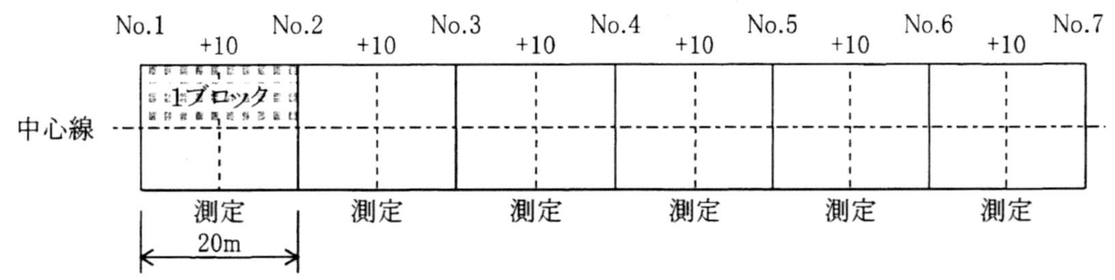

【保証金の計算例】

例えば5年後のわだち掘れ量の指標値が13㎜、あるブロックでわだち掘れ量が23mmと評価し、切削オーバーレイの条件が以下の場合

・切削オーバーレイの幅員　:3．5m

・ブロック延長　:20m

・5cm切削オーバーレイの単価　:4，000円／㎡

保証金　＝　(23mm－13mm)÷(30mm－13mm)×4，000円／㎡×幅員3．5m×延長20m

＝　164，705円

※小数点以下切り捨て

(2)回復措置

わだち掘れ量30mm以上の場合又はひび割れ率30%以上の場合は、受注者に回復措置を求めるものとする。回復措置の方法は、受注者が発注者に提示し、発注者は条件に照らして決定するものとする。

回復措置は、基本的に切削オーバーレイを想定しているが、場合により路盤層も含めた修繕工法を求めるものとする。最終的に発注者と受注者の打ち合わせにより決定するものとする。

なお、回復措置を求める単位は、上記に示した保証金と同様のブロック単位とする。

２４．措置に不服がある場合の対応

受注者が保証金や回復措置の求めに不服がある場合は、受注者と発注者が協議して人選した第三者(学識経験者)を含む評価委員会に判断を求めることが出来るものとする。

第三者委員会の人選にあたっては、本制度検討にあたって設置した委員会の委員を活用すること等が考えられる。

２５．回復措置の実施及び確認

回復措置は、発注者又は評価委員会の判定後1年以内に実施するものとする。

また、受注者が回復措置を行った場合は、受注者負担のもと再測定を行い、結果を発注者に提出するものとする。なお、保証期間中に受注者が一部の範囲で回復措置を行った場合、回復措置を行った範囲以外については、「Ⅴ．14．(1)路面性状の測定」に準じ、継続して所定の測定を実施するものとする。また、回復措置を行った範囲については、その時点で長期保証対象外とする。

２６．瑕疵と保証

瑕疵と保証の関係について以下に示す。

	期間	通常使用の可否	過失の有無	措置
保証	——→ 5年	通常の使用は可能	材料・施工に過失が無い	保証金又は回復措置
瑕疵	一般的な請求期間 ——→ 2年 故意又は重大な過失による場合 ——→ 10年	通常の使用に耐えられない	材料・施工に過失が有る	損害賠償 指名停止 工事成績の減点

資料4－2

「道路舗装の長期保証」

特記仕様書作成例（案）

平 成 ２９年 ３月

北 海 道 開 発 局
東 北 地 方 整 備 局
関 東 地 方 整 備 局
北 陸 地 方 整 備 局
中 部 地 方 整 備 局
近 畿 地 方 整 備 局
中 国 地 方 整 備 局
四 国 地 方 整 備 局
九 州 地 方 整 備 局
内閣府沖縄総合事務局

【別　添】

道路舗装の長期保証工事

特記仕様書作成例（案）

【密粒度及び排水性アスファルト舗装】

1．密粒度及び排水性アスファルト舗装

【注：条項の番号は工事ごとに適宜付け直すこと】

第３編　土木工事共通編

第１章　総　則

１－○　道路舗装の長期保証

本工事は、道路舗装の長期保証を規定した工事である。

第１０編　道　路　編

第２章　舗装工

２－○　道路舗装の長期保証

1．道路舗装の長期保証

本工事は道路舗装の長期保証工事である。受注者は、第10編　第2章　２－○　○で提案した舗装構造及び施工方法等により施工した舗装について、次項に規定する内容を保証するものとする。

保証期間は、引き渡しの翌日又は供用開始日から5年間とし、保証の期日については、受発注者の協議により決めるものとする。

2．道路舗装の長期保証を付する指標等

道路舗装の長期保証を付する範囲、指標及びその値は以下のとおりとする。

なお、道路舗装の長期保証を付する対象範囲は、測点No．○○～No．○○の車道部（上り線・下り線）とする。

【注：対象範囲については、この例にとらわれず対象範囲を明確に示すこと。】

指標	指標値	試験方法	試験頻度
引き渡し又は供用５年後における路面のわだち掘れ量	各測点の最大値が○○mm（性能指標値）以下	舗装調査・試験法便覧の横断プロフィルメーター試験方法又は路面性状測定車による測定方法	各車線20m間隔で測定
引き渡し又は供用５年後における路面のひび割れ率	各測点の最大値が○○％（性能指標値）以下	舗装調査・試験法便覧のスケッチ法又は路面性状測定車による測定方法	各車線20m間隔で測定

3. 設計条件および現場条件

設計条件および現場条件は以下のとおりである。

- 第10編　第2章　2－○　○に示す舗装の設計条件
- 設計期間　○年
- 舗装計画交通量　○○○○台／日･方向
- 設計CBR　○
- 凍結深　○○cm

【注：舗装構成に関する設計条件（設計期間、舗装計画交通量、CBR、凍結深等）を明示すること。】

4. 路床支持力の確認

路床の CBR 試験（室内又は現場）を200mあるいは1000㎡につき1箇所で実施することを基本とするが、実施する間隔は現場条件（切盛境等）に応じて適宜変更できるものとし、必要な費用を計上する。

そのほかの確認試験が必要な場合は監督職員と協議するものとする。

【注：対象工事が路床を含まず下層路盤から施工する場合に記載する。】

5. 長期保証期間中の自主的措置及び指標値の確認

※必要に応じて、1）～6）の同趣旨の内容を契約書に記載すること

1） 長期保証期間中5年間、受注者は発注者に対し、自主的に指標値の達成に必要な処置を申し出て承諾を得ることにより、これを行うことが出来るものとする。ただし、この処置費用は受注者の負担とする。

2） 第10編　第2章　2－○　2. で規定した指標値の測定は発注者が行うものとする。
長期保証の評価については、保証期間満了時となる5年目の値を用いる。5年目の測定日が保証期間に満たない場合は、その測定値と中間年で測定した値を用いた2点間の線形近似式から5年目の値を推計し、その値を保証期間満了時の値として評価する。
ただし、受注者は発注者が行った測定内容について不服がある場合は、発注者の立ち会いのもとに受注者の費用負担により再調査ができるものとする。

3） 前項のわだち掘れ量の測定又は5年目の推計値の結果が性能指標値を超え30mm未満の場合又はひび割れ率の測定結果が性能指標値を超え30％未満の場合は、発注者は受注者に対して下記の計算式による額の長期保証に関する保証金を求めることができる。
ただし、受注者が発注者の判定に不服な場合は、発注者と受注者及び第三者（学識経験者等）を含む評価委員会により再判定を発注者に求めることができるものとする。
なお、評価委員会の第三者委員は発注者と受注者が協議して人選するものとする。

長期保証に関する保証金＝

$$\Sigma(T5i-TS)\div(TX-TS)\times\text{切削オーバーレイの単価}\times\text{該当面積}Ai$$

T5i(mmあるいは%)：測点iにおける5年後のわだち掘れ量あるいはひび割れ率
TS(mmあるいは%)：5年後のわだち掘れ量あるいはひび割れ率の指標値
TX(mmあるいは%)：回復措置の値（わだち掘れ量30mm又はひび割れ率30%）
切削オーバーレイの単価：間接費を含む
該当面積Ai：5年後のわだち掘れ量が性能指標値を超え30mm未満又はひび割れ率が性能指標値を超え30%未満の測点iを含む区間の面積（該当面積は指標値を超過する部分とし、区間は20m単位とする）

4) 長期保証期間内に路面のわだち掘れ量が30mm以上の場合又はひび割れ率が30%以上の場合は、発注者は受注者に対して回復措置を求めることが出来る。回復措置の方法は、受注者が発注者に提示し、発注者は条件に照らして決定するものとする。
ただし、受注者が発注者の判定に不服な場合は、発注者と受注者及び第三者（学識経験者等）を含む評価委員会により再判定を発注者に求めることができるものとする。
なお、次の事項は保証の対象外とする。

- 天災及び異常気象により路面に変状がある場合
- 交通事故により路面に変状がある場合
- 土工部の沈下の影響（横断構造物等の周辺を含む）により路面に変状がある場合
  ＊土工部の沈下が想定される箇所については、沈下の証明方法を受注者と協議すること。
- 占用物件の不具合により路面に変状がある場合
- その他（不測の事態等受注者の責任によらないと推測される場合で発注者が認めた場合）
  ＊対象とする項目や適用範囲に関しては発注者と受注者の双方で協議すること。
  ＊交差点、トンネル、橋梁部等についてはその範囲を考慮した上で必要に応じて掲げてもよい。
  ＊設計よりも上回る大型車交通量の発生やタイヤチェーン走行により、わだち掘れの路面変状が発生した場合は、不測の事態とし、受注者の責任によらない事象としてその他の項目とする。

【注：上記、免責事項は、現場状況の確認等により不要な場合は免責事項として掲げる必要はない。】

5) 長期保証に関する保証金の支払い及び回復措置の実施は、発注者または評価委員会の判定後1年以内とする。

6)　長期保証に関する保証金の支払い、回復措置の対象区間は、道路延長で20m単位とし、多車線区間では車線単位とする。

6. 回復措置後の再測定

回復措置を行った場合は、受注者が回復措置後に各指標値の再測定を行い、その結果を発注者に提出するものとする。なお、再測定の費用は受注者の負担とする。

なお、保証期間中に受注者が一部の範囲で回復措置を行った場合、回復措置を行った範囲以外については、継続して所定の測定を実施するものとする。

【道路舗装の長期保証に係る確認書（例）】

道路舗装の長期保証に係る確認書

○○道路舗装工事における道路舗装の長期保証については、特記仕様書第○編　第○章○－△に定める他、下記について確認する。

記

1．対象範囲

道路舗装の長期保証を付する範囲は以下のとおりとする。

測点No. ○　～　No. ○　（本線　　下り・上り　○車線）　L＝○m

＊平面図で図示し、添付すること。

2．保証期間

保証期間は引渡し後○年間とし、以下のとおりとする。

平成○年○月○日　～　平成○年○月○日

3．担当部署等

長期保証に関連する事項の担当部署は以下のとおりとする。

発注者側：○○地方整備局　○○国道事務所　○○課（あるいは○○出張所）

受注者側：株式会社○○道路

平成○年○月○日

発注者　　○○地方整備局　○○国道事務所

○○○○（←官職名）　（氏名）　　　　印

受注者　　株式会社○○道路

○○道路舗装工事　現場代理人（氏名）　　印

執　筆　者（五十音順）

綾部孝之	岩塚浩二
岡田貢一	桑原正明
齊藤一之	竹井利公
寺田　剛	中村博康
長山清一郎	平岡富雄
前川亮太	三浦真紀
光谷修平	吉中　保

舗装の長期保証制度に関するガイドブック

令和3年 3月31日　初版第1刷発行

編　集
発行所　公益社団法人 日本道路協会
東京都千代田区霞が関 3-3-1

印刷所　大光社印刷株式会社
発行所　丸善出版株式会社
東京都千代田区神田神保町 2-17

ISBN978-4-88950-338-8 C2051

日本道路協会出版図書案内

図書名	ページ	本体価格(円)	発行年
交通工学			
クロソイドポケットブック（改訂版）	369	3,000	S49. 8
自転車道等の設計基準解説	73	1,200	S49.10
立体横断施設技術基準・同解説	98	1,900	S54. 1
道路照明施設設置基準・同解説（改訂版）	240	5,000	H19.10
附属物（標識・照明）点検必携 ～標識・照明施設の点検に関する参考資料～	212	2,000	H29. 7
視線誘導標設置基準・同解説	74	2,100	S59.10
道路緑化技術基準・同解説	82	6,000	H28. 3
道路の交通容量	169	2,700	S59. 9
道路反射鏡設置指針	74	1,500	S55.12
視覚障害者誘導用ブロック設置指針・同解説	48	1,000	S60. 9
駐車場設計・施工指針同解説	289	7,700	H 4.11
道路構造令の解説と運用（改訂版）	742	8,500	R 3. 3
防護柵の設置基準・同解説（改訂版） ボラードの設置基準	246	3,500	R 3. 3
車両用防護柵標準仕様・同解説（改訂版）	164	2,000	H16. 3
路上自転車・自動二輪車等駐車場設置指針 同解説	74	1,200	H19. 1
自転車利用環境整備のためのキーポイント	140	2,800	H25. 6
道路政策の変遷	668	2,000	H30. 3
地域ニーズに応じた道路構造基準等の取組事例集（増補改訂版）	214	3,000	H29. 3
道路標識設置基準・同解説（令和2年6月版）	413	6,500	R 2. 6
道路標識構造便覧（令和2年6月版）	389	6,500	R 2. 6
橋　梁			
道路橋示方書・同解説（Ⅰ共通編）(平成29年版)	196	2,000	H29.11
〃（Ⅱ鋼橋・鋼部材編）(平成29年版)	700	6,000	H29.11
〃（Ⅲコンクリート橋・コンクリート部材編）(平成29年版)	404	4,000	H29.11
〃（Ⅳ下部構造編）(平成29年版)	572	5,000	H29.11
〃（Ⅴ耐震設計編）(平成29年版)	302	3,000	H29.11
平成29年道路橋示方書に基づく道路橋の設計計算例	564	2,000	H30. 6
道路橋支承便覧（平成30年版）	592	8,500	H31. 2
プレキャストブロック工法によるプレストレスト コンクリートTげた道路橋設計施工指針	81	1,900	H 4.10
小規模吊橋指針・同解説	161	4,200	S59. 4
道路橋耐風設計便覧（平成19年改訂版）	300	7,000	H20. 1

日本道路協会出版図書案内

図書名	ページ	本体価格(円)	発行年
鋼道路橋設計便覧	652	7,000	R 2.10
鋼道路橋疲労設計便覧	330	3,500	R 2. 9
鋼道路橋施工便覧	694	7,500	R 2. 9
コンクリート道路橋設計便覧	496	8,000	R 2. 9
コンクリート道路橋施工便覧	522	8,000	R 2. 9
杭基礎設計便覧（令和2年度改訂版）	489	7,000	R 2. 9
杭基礎施工便覧（令和2年度改訂版）	348	6,000	R 2. 9
道路橋の耐震設計に関する資料	472	2,000	H 9. 3
既設道路橋の耐震補強に関する参考資料	199	2,000	H 9. 9
鋼管矢板基礎設計施工便覧	318	6,000	H 9.12
道路橋の耐震設計に関する資料 (PCラーメン橋・RCアーチ橋・PC斜張橋等の耐震設計計算例)	440	3,000	H10. 1
既設道路橋基礎の補強に関する参考資料	248	3,000	H12. 2
鋼道路橋塗装・防食便覧資料集	132	2,800	H22. 9
道路橋床版防水便覧	240	5,000	H19. 3
道路橋補修・補強事例集（2012年版）	296	5,000	H24. 3
斜面上の深礎基礎設計施工便覧	290	5,000	H24. 4
道路橋点検必携～橋梁点検に関する参考資料～	480	2,500	H27. 4
道路橋示方書・同解説Ⅴ耐震設計編に関する参考資料	305	4,500	H27. 4
舗装			
アスファルト舗装工事共通仕様書解説（改訂版）	216	3,800	H 4.12
アスファルト混合所便覧（平成8年版）	162	2,600	H 8.10
舗装の構造に関する技術基準・同解説	104	3,000	H13. 9
舗装再生便覧（平成22年版）	290	5,000	H22.11
舗装性能評価法(平成25年版)―必須および主要な性能指標編―	130	2,800	H25. 4
舗装性能評価法別冊 ―必要に応じ定める性能指標の評価法編―	188	3,500	H20. 3
舗装設計施工指針（平成18年版）	345	5,000	H18. 2
舗装施工便覧（平成18年版）	374	5,000	H18. 2
舗装設計便覧	316	5,000	H18. 2
透水性舗装ガイドブック2007	76	1,500	H19. 3
コンクリート舗装に関する技術資料	70	1,500	H21. 8
コンクリート舗装ガイドブック2016	348	6,000	H28. 3
舗装の維持修繕ガイドブック2013	250	5,000	H25.11
舗装点検必携	228	2,500	H29. 4

日本道路協会出版図書案内

図書名	ページ	本体価格(円)	発行年
舗装点検要領に基づく舗装マネジメント指針	166	4,000	H30. 9
舗装調査・試験法便覧（全4分冊）(平成31年版)	1,929	25,000	H31. 3
舗装の長期保証制度に関するガイドブック	85	3,000	R 3. 3
道路土工			
道路土工構造物技術基準・同解説	100	4,000	H29. 3
道路土工構造物点検必携（令和2年版）	378	3,000	R 2.12
道路土工要綱（平成21年度版）	450	7,000	H21. 6
道路土工－切土工・斜面安定工指針（平成21年度版）	570	7,500	H21. 6
道路土工－カルバート工指針（平成21年度版）	350	5,500	H22. 3
道路土工－盛土工指針（平成22年度版）	328	5,000	H22. 4
道路土工－擁壁工指針（平成24年度版）	350	5,000	H24. 7
道路土工－軟弱地盤対策工指針（平成24年度版）	400	6,500	H24. 8
道路土工－仮設構造物工指針	378	5,800	H11. 3
落石対策便覧	414	6,000	H29.12
共同溝設計指針	196	3,200	S61. 3
道路防雪便覧	383	9,700	H 2. 5
落石対策便覧に関する参考資料 —落石シミュレーション手法の調査研究資料—	448	5,800	H14. 4
トンネル			
道路トンネル観察・計測指針（平成21年改訂版）	290	6,000	H21. 2
道路トンネル維持管理便覧【本体工編】（令和2年版）	520	7,000	R 2. 8
道路トンネル維持管理便覧【付属施設編】	338	7,000	H28.11
道路トンネル安全施工技術指針	457	6,600	H 8.10
道路トンネル技術基準（換気編）・同解説（平成20年改訂版）	280	6,000	H20.10
道路トンネル技術基準（構造編）・同解説	322	5,700	H15.11
シールドトンネル設計・施工指針	426	7,000	H21. 2
道路トンネル非常用施設設置基準・同解説	140	5,000	R 1. 9
道路震災対策			
道路震災対策便覧（震前対策編）平成18年度版	388	5,800	H18. 9
道路震災対策便覧（震災復旧編）平成18年度版	410	5,800	H19. 3
道路震災対策便覧（震災危機管理編）(令和元年7月版)	326	5,000	R 1. 8
道路維持修繕			
道路の維持管理	104	2,500	H30. 3

日本道路協会出版図書案内

図　書　名	ページ	本体価格(円)	発行年
英語版			
道路橋示方書（Ⅰ共通編）〔2012年版〕（英語版）	160	3,000	H27. 1
道路橋示方書（Ⅱ鋼橋編）〔2012年版〕（英語版）	436	7,000	H29. 1
道路橋示方書（Ⅲコンクリート橋編）〔2012年版〕（英語版）	340	6,000	H26.12
道路橋示方書（Ⅳ下部構造編）〔2012年版〕（英語版）	586	8,000	H29. 7
道路橋示方書（Ⅴ耐震設計編）〔2012年版〕（英語版）	378	7,000	H28.11
舗装の維持修繕ガイドブック2013（英語版）	306	6,500	H29. 4
アスファルト舗装要綱（英語版）	232	6.500	H31. 3

※消費税は含みません。

発行所（公社）日本道路協会　☎(03)3581-2211
発売所 丸善出版株式会社　☎(03)3512-3256
丸善雄松堂株式会社　学術情報ソリューション事業部
法人営業統括部　カスタマーグループ
TEL：03-6367-6094　FAX：03-6367-6192　Email：6gtokyo@maruzen.co.jp